付颖 著

基于BIM技术下
建筑工程的应用研究

中国原子能出版社
China Atomic Energy Press

图书在版编目（CIP）数据

基于 BIM 技术下建筑工程的应用研究 / 付颖著 . --
北京 : 中国原子能出版社 , 2022.12
ISBN 978-7-5221-2419-3

Ⅰ . ①基… Ⅱ . ①付… Ⅲ . ①建筑工程—工程施工—
项目管理—计算机辅助管理—应用软件 Ⅳ .
① TU712.1-39

中国版本图书馆 CIP 数据核字 (2022) 第 228851 号

基于 BIM 技术下建筑工程的应用研究

出版发行	中国原子能出版社（北京市海淀区阜成路 43 号 100048）	
责任编辑	潘玉玲	
责任印制	赵　明	
印　　刷	北京天恒嘉业印刷有限公司	
经　　销	全国新华书店	
开　　本	787mm×1092mm　1/16	
印　　张	11.25	
字　　数	225 千字	
版　　次	2022 年 12 月第 1 版　2022 年 12 月第 1 次印刷	
书　　号	ISBN 978-7-5221-2419-3	定　价　76.00 元

前　言

　　建筑是人类赖以生存的重要基础，也是社会经济发展与文化进步的重要依据。对此，建筑行业想要谋求更好的发展就必须充分重视 BIM 技术在建筑行业的研究力度。BIM 作为当前建筑工程行业使用较广的技术之一，除了可以帮助企业增强建筑模型的集成化水平，还可以为后续工程施工提供有利的参考依据。要知道好的建筑工程设计管理不仅可以有效提高建筑工程的整体质量，同时还可以帮助设计企业优化和完善现有的设计管理标准，这对推动我国建筑行业的发展具有重大意义。

　　伴随着经济全球化浪潮迅速蔓延，各行业信息化、数字化高速发展。在建筑工程领域，BIM 技术——建筑信息模型（building information modeling）技术应用非常广泛，国家从经济与政策层面给予了大力支持。BIM 技术以数字化的方式呈现建筑的物理与功能特征，构建出建设项目参与方的协同工作平台，集成和共享建设项目中不同阶段的相关信息，极大地提升了生产效率，缩短了项目建设周期，降低了建设项目成本。本书从建筑工程策划与设计、施工管理与维护等方面介绍 BIM 技术的应用，旨在为从事相关行业人员提供一定的借鉴与参考。

　　BIM 技术在建筑工程中的应用虽然可以很好地提升其管理水平和建筑质量，但是随着大量新型技术的研发与应用，BIM 技术的地位也受到了一定程度的威胁。作为建筑企业，如果不及时更新换代就很容易被其他新技术取代，因此，建筑行业要在原有基础上加大 BIM 技术的研究力度，并且要将新技术充分运用到实际的建筑工程设计管理中，从而提升 BIM 技术在我国建筑工程设计管理的水平。

　　综上所述，BIM 技术在建筑工程设计中的应用是时代发展下的必然选择，也是建筑行业实现自身效益的重要保障。因此，在建筑工程设计管理中加大建模构建力度、优化建筑工程设计管理方案、加大信息整合力度才是提升我国建筑工程设计管理水平与质量的关键。

目 录

第一章　BIM 技术

第一节　BIM 大数据特征

BIM(building information modeling)，中文全称为建筑信息化模型。住房城乡建设部编制的《建筑业发展"十二五"规划》就明确提出要推进 BIM 协同工作等技术应用，普及可视化、参数化三维模型设计，降低工程投资和周期，提高设计水平，精准实施施工过程，实现了从设计、采购、建造、投产到运行的全过程集成运用。

一、BIM 优势及现状

（一）可视协调一体化

通常，业主和建筑设计师及相关建设方讨论建筑设计，都是参照各个专业设计图进行讨论，可能会造成沟通理解上的盲点。而 BIM 技术能够将建筑、结构、设备、装修等专业更为有效地串联，形成一体化设计，进一步强化各专业协同，减少因"错、漏、碰、缺"导致的设计变更，达到设计效率和设计质量的提升，降低成本，还可以将双方的立场由对立转为协同。

（二）BIM 在海南省的发展

2015 年 12 月，海南大学土木建筑工程院发起成立"海南省建筑信息模型技术应用联盟"。近些年来，海南省建设厅不断鼓励相关企业发展 BIM 技术应用。特别是 2018 年，海南省印发了《海南省装配式建筑示范管理办法》的通知，在通知里提出示范项目应采用建筑信息模型（BIM）技术实施，包括了全装修在内的一体化设计、生产、建造。同年 5 月，还颁布了《海南省人民政府办公厅关于促进建筑业持续健康发展的施工意见》。

二、使用经验

总结以往的使用经验，本节将对 ArchiCAD、SketchUp 以及 Autodesk Revit 3 种三维制图软件进行比较分析。

（一）Archi CAD 和 SketchUp

ArchiCAD 是一个比较接近 SketchUp 的软件，专门为建筑师开发，更为精炼，操作符合建筑师的习惯，其 GDL 语言的应用在软件更新中已经很完善，简化了建筑师数据计算的时间，明显提高了其工作效率，也有效避免了数据计算过程中出现的错误。三维制图发展前期，ArchiCAD 发展较快，但由于该开发公司在中国市场较小，国内以广联达等应用为主，并没有强力推广 ArchiCAD，导致使用群体较少。而 SketchUp 是近十年较为主流的方案设计软件，为众多建筑师所使用。

（二）Autodesk Revit

Autodesk Revit 是当前全国推行 BIM 技术的主导软件，基于 Autodesk 平台，是 CAD 的升级产品。在概念方案、三维的可视化、各种数据的汇集以及日照通风及热岛效应的模拟、各情景模拟的分析等方面，应用 Autodesk Revit 软件优越性较为明显。Revit 的双向关联、参数组件、半自动的数据更改能使效率明显提高，与此同时，还能三维可视化协调结构和设备专业等，给工程建设带来诸多方便。

三、当前问题

（一）经济成本问题

BIM 于 2002 年提出，2011 年在国内有目标性地开始实施推广。虽说已经接近十年的时间，但该系列软件硬件要求比较高，版本更新频繁，软件价格和培训成本都比较高。再者，BIM 技术服务商的支持能力也有限，不能够聘请较好的应用顾问，导致 BIM 无法获得正确的实施方案。

（二）时间成本问题

企业在使用 BIM 前，应考虑需要承担的成本与风险。例如在设计上，单个专业的使用如果无法提升工作效率，反而会在成果转换过程中浪费精力，得不偿失。建设项目的参与者众多，包括业主、勘察单位、设计单位、建设单位、监造单位、政府部门以及营造包商等，当在会议状态下讨论一个具体的施工方案时，需要用到 BIM 的远程协作，但如果其中任何一个企业的环节没有达到 BIM 的数据要求，那么就无法完成 BIM 的应用。因此，BIM 在应用过程中会遭遇时间成本等问题。

（三）技术核心问题

在单个专业或单个企业中应用 BIM，并不能充分发挥它的优势，很多设计单位都采用了 BIM 的一个核心功能——模型创建，但 BIM 随着建造过程的逐渐深入，会在不同阶段逐步加载相应的数据和信息，以达到协同共享的目的。很多企业对 BIM 的理解只停留在"BIM 就是建模"的阶段。同时，很多企业认为引进 BIM 就能脱胎换骨，立马提升企业的管理水平，这显然犯了逻辑性的错误。要知道，BIM 只是一种技术工具和管理工具，最终要靠人去使用和驾驭，有了工具，没有积极主动的管理，项目的管理成本也不会得到优化。

（四）动力问题

BIM 是一体化的过程，BIM 团队应该是来自项目不同部分或阶段的人员，协调难度很大。企业只是被动地完成业主或者投标的要求，没有意识到行业革命的初衷，被动使用 BIM，导致使用人员对工具转变的动力和压力不够。

（五）责任分配问题

BIM 的使用也改变了传统的分工方式，改变了业主、设计师、承包商的责任、义务以及风险的分配。各承建单位对于责任的承担，缺少相关的风险分配共识，从而严重阻碍了 BIM 技术的应用。

（六）产权及信息保护问题

BIM 包含可行性研究、决策、设计、规划、供应、执行、控制及操作管理等方面，从建设管理角度来看，信息化建设涉及成本管理信息、工期管理信息、质量管理信息、契约管理信息等。参与者应在安全的条件下，快速精准地取得信息，同时做好产权保护和信息保密工作，保护各个企业或者工种的成果，还要防止网络安全的入侵，避免在建设过程中信息泄露使企业遭受损失。因此，出于自我保护意识，各参建单位不能真正在 BIM 上使用或者公布自己的核心产品，这也是 BIM 技术不能得到推广的原因之一。

但随着智能化时代的到来，BIM 技术的应用将越来越广泛。作为当下的实践者，我们在应用过程中如果遇到问题或获得了某些解决方法可以与大家分享，共勉前行。

第二节　BIM 技术应用现状

建筑信息模型（Building Information Modeling，BIM）作为一种建设工程项目的数据化技术，为工程项目各参建方提供了多方协同的工作平台。在建设工程及设施全生命周期内，BIM 可对其物理和功能特性进行数字化表达，由企业进行设计、施工、运行等。BIM 技术具有建筑策划、方案论证、可视化设计、协同设计、管线综合、性能化分析、工程量统计以及可出图性等典型应用，成为继 CAD 后的又一次设计革命。

一、BIM 的发展

20 世纪 70 年代，查克·伊士曼（Chuck Eastman）首先提出了 BIM 的概念。他认为，建筑信息建模是将一个建筑建设项目在整个生命周期内的所有几何特性、功能要求与构件的性能信息，综合到一个单一的模型中，与此同时，这个单一模型的信息还包括了施工进度、建造过程的过程控制信息等。欧美等发达国家和地区此后也进行了与之相类似的研究和开发工作，其定义根据研究者重点的不同而有不同的表达，比如欧洲将其称为产品信息模型（product information model，PIM），而美国通常将其称为建筑产品信息模型（building product model，BPM）。1986 年，罗伯特·艾什（Robert Aish）在其发表的一篇论文中，第一次使用"Building Information Modeling"一词来定义相关研究，并被广泛接受。

BIM 研究初期受到计算机发展水平的严重制约，这一理念仅仅停留在实验室研究和验证阶段。21 世纪后，计算机软硬件水平的快速发展使这种理念在实际工程中的应用成为可能。同时建筑行业在发展过程中也遇到了建筑规模越来越大、异形造型越来越多、建筑设备系统要求越来越高等新问题。伴随着对建筑生命周期理论的研究和深入理解，BIM 技术开始在全球范围内被接纳和推广。

BIM 在 2006 年传入我国，其理念受到建筑行业的认同，并相继开展相关研究。住房城乡建设部于 2011 年 5 月发布了《2011—2015 年建筑业信息化发展纲要》，其中明确提出，在施工阶段开展 BIM 技术的应用与研究，推进 BIM 技术从设计阶段向施工阶段的应用延伸，降低信息传递过程中的衰减，研究基于 BIM 技术的 4D 项目管理信息系统在大型复杂工程施工过程中的应用，实现对建筑工程有效的可视化管理等。至此，

BIM技术的推广上升至国家层面，在此后几年间，国家相关部门分别启动了相关标准的制定工作，并对BIM技术的落地提供了政策支持。

2013年8月，住房城乡建设部发布了《关于征求关于推荐BIM技术在建筑领域应用的指导意见（征求意见稿）意见的函》，政策要点包括两个方面：① 2016年以前，政府投资的20 000 m²以上大型公共建筑以及省报绿色建筑项目的设计、施工采用BIM技术；②截至2020年，完善BIM技术应用标准、实施指南，形成BIM技术应用标准和政策体系，在有关奖项，如全国优秀工程勘察设计奖、鲁班奖（国家优质工程奖）及各行业、地区勘察设计奖和工程质量奖的评审中，设计应用BIM技术的条件。

2015年6月，住房城乡建设部在《关于推进建筑信息模型应用的指导意见》中明确指出，到2020年末，建筑行业甲级勘察、设计单位以及特级、一级房屋建筑工程施工企业应掌握并实现BIM与企业管理系统和其他信息技术的一体化集成应用。自此之后，各省级建设行政主管部门也纷纷根据指导意见的要求，制定本区域内的BIM技术相关配套政策，从而加速了BIM技术的宣传普及和应用推广。

2017年2月，国务院办公厅印发《国务院办公厅关于促进建筑业持续健康发展的意见》（国办发〔2017〕19号），明确要求加快推进BIM技术在规划、勘察、设计、施工和运营维护全过程的集成应用，实现工程建设项目全生命周期数据共享和信息化管理，为项目方案优化和科学决策提供重要依据，促进建筑业提质增效。

二、BIM的定义

在BIM理念和技术推广过程中，国内相关研究、应用机构的专家、学者及工程师对BIM进行了各自的定义，这些定义表述不尽相同，但是内容大多是根据国外相关著作、机构研究成果和个人的理解进行定义的，对BIM在相关行业的推广起到了一定的积极意义，但也容易造成社会上对BIM理解的混乱。因此，住房城乡建设部在2017年5月发布了《建筑信息模型施工应用标准》（GB/T 51235），将建筑信息模型（BIM）定义为："在建设工程及设施全生命周期内，对其物理和功能特性进行数字化表达，并依此设计、施工、运行的过程和结果的总称。"

从中可以看出，BIM不仅是一个静止的模型，还包括了利用这些数字化信息进行的相关过程；它的应用范围不仅是建设工程，还包括设施；它的存在时间贯穿于建设工程及设施的整个周期。这个定义纠正了公众对BIM的认识偏见。作为一个行业的BIM，可以跨越建设项目的全生命周期，是一个多专业协同的平台，需要很多手段去保证。利用 BIM 平台把信息综合、管理起来，才能把专业打通。BIM 不仅关乎三维数据，还意味着创建包括二维数据源文档、电子表格和其他内容在内的整体信息资源。

如果明确了合适的工作流程，BIM 就能帮助组织提高建筑设计质量、降低成本、实现有助于推动真正创新的协同工作流程。如果供应链中每个组织仅仅采用单一、最低常用标准的数据模型，BIM 将无法进行完美实现。

三、BIM 的典型应用功能

（一）建筑策划

建筑策划是在总体规划目标确定后，根据定量分析得出设计依据的过程。在这一过程中，除了需要运用建筑学的原理、借鉴过去的经验和遵守规范，更重要的是要以实态调查为基础，用计算机等现代化手段对目标进行研究。BIM 能够帮助项目团队在建筑规划阶段，通过对空间进行分析来理解复杂空间的标准和法规，从而节省时间，为团队提供更多的增值活动。特别是在客户讨论需求、选择以及分析最佳方案时，能够借助 BIM 及相关分析数据，做出关键性的决定。

BIM 在建筑策划阶段的应用成果还有助于建筑师在建筑设计阶段随时查看初步设计是否符合业主的要求，是否满足建筑策划阶段得到的设计依据，通过 BIM 连贯的信息传递或追溯，大大减少以后详图设计阶段发现不合格需要重新修改设计的巨大浪费。

（二）方案论证

在方案论证阶段，项目投资方可以使用 BIM 来评估设计方案的布局、视野、安全、色彩及规范等的遵守情况。BIM 甚至可以做到建筑局部的细节推敲，迅速分析设计和施工中可能需要应对的问题。

在方案论证阶段，还可以借助 BIM 提供方便的、低成本的不同解决方案供项目投资方进行选择，通过数据对比和模拟分析，找出不同解决方案的优缺点，帮助项目投资方迅速评估建筑投资方案的成本和时间。对于设计师来讲，通过 BIM 来评估所设计的空间，可以获得较高的互动效应，以便从使用者和业主处获得积极的反馈。

在设计的建筑物（或设施）还未开始建造时，利用计算机的强大计算能力，对建造过程或建成后的建筑物（或设施）的使用（或运行）情况进行模拟，可以据此对设计、施工组织、运行维护等过程进行优化。如在设计阶段对日照、节能、疏散等进行模拟优化设计；在施工阶段模拟建造过程，优化施工组织设计及施工工艺，加强施工过程质量、进度、安全、造价等方面的控制。

BIM模型中含有建筑物实际存在的信息，比如外形尺寸、物理特性、规则信息等，并且在某一信息发生变化后，其他相关信息会自动地修改和调整，这种特性配合相关的优化工具，可以对一些依靠人类脑力无法完成或成本太大的内容进行优化方案的比选。比如，对设计方案进行优化调整时，在技术可行的前提下，通过BIM配套的优化工具可以实时对比方案调整对整个项目工程量和造价的影响，从而帮助决策者选定最优方案。

设计的实时修改往往基于最终用户的反馈，在BIM平台下，项目各方关注的焦点问题比较容易得到直观展现并迅速达成共识，减少决策时间。

（三）可视化设计

3ds Max、SketchUp这些三维可视化设计软件的出现有力地弥补了业主及最终用户因为缺乏对传统建筑图纸的理解而造成的和设计师之间的交流鸿沟。由于这些软件设计理念和功能上的局限性，使得这样的三维可视化展现不论是用于前期方案推敲还是用于阶段性的效果图展现，与真正的设计方案之间都存在相当大的差距。

对于设计师而言，除了用于前期推敲和阶段展现，大量的设计工作还是要基于传统CAD平台，使用平、立、剖三视图的方式表达和展现自己的设计成果。这种由于工具原因造成的信息割裂，在遇到项目复杂、工期紧的情况下，非常容易发生错误。BIM的出现使得设计师不仅拥有了三维可视化的设计工具，所见即所得，更重要的是通过工具的提升，使得设计师能够使用三维的思考方式来完成建筑设计，同时也使业主及最终用户真正摆脱了技术壁垒的限制，随时知道自己的投资能获得的效果。

对于建筑行业来说，可视化的运用在建筑业的作用是非常大的，如经常拿到的施工图纸，只是各个构件的信息在图纸上的采用线条绘制表达，但是其真正的构造形式需要建筑业参与人员自行想象。对于简单的建筑来说，可以通过人脑进行想象，但是现在建筑业的建筑形式各异，复杂造型在不断地推出，人脑无法想象。

在BIM建筑信息模型中，BIM技术可以将过去全凭人类大脑想象的二维图纸信息以一种三维的立体实物图形进行展示。由于整个过程都是可视化的，因此，可视化的结果不仅可以用来展示效果图及报表的生成，更重要的是项目设计、建造、运营过程中的沟通、讨论、决策都在可视化的状态下进行，各个参与方（内部或相互间）的沟通、协调和决策均在可视化的环境下进行，可以大大减少因相关人员专业知识、能力的不同造成的表述及理解误差，避免或减少后期修改及返工工作。

（四）协同设计

协同设计是一种新兴的建筑设计方式，它可以使分布在不同地理位置的不同专业的设计人员通过网络的协同展开设计工作。协同设计是在建筑业环境发生变化、建筑的传统设计方式必须得到改变的背景下出现的，也是数字化建筑设计技术与快速发展的网络技术相结合的产物。

现有的协同设计主要基于 CAD 平台，并不能充分实现专业间的信息交流，这是因为 CAD 的通用文件格式仅仅是对图形的描述，无法加载相关附加信息，导致了专业间的数据不具有关联性。BIM 的出现使协同已经不再是简单的文件参照，BIM 技术为协同设计提供底层支撑，将大幅提升协同设计的技术含量。借助 BIM 的技术优势，协同的范畴也从单纯的设计阶段扩展到建筑全生命周期，需要规划、设计、施工、运营等各方的集体参与，因此具备了更广泛的意义，从而带来综合效益的大幅提升。

应用 BIM 技术可以将建设工程中的协调工作前置，将以往出现问题后的事后协调变成实施前的事前协调。比如在设计阶段，以往的设计院流程需要各个专业相互提资，但是由于一系列原因，最终的图纸在实施过程中通常会出现很多的冲突和碰撞，施工中发现的时候就需要相关专业的设计人员和施工人员一起进行"事后"协调。而采用 BIM 正向设计流程时，所有专业对着同一个建筑模型进行设计，所有的碰撞和冲突在设计过程中就能被发现，此时只需相关专业的设计人员进行内部的"事前"协调，处理完毕后再出图，这样就能减少施工过程中需要协调的事项。

（五）性能化分析

在 CAD 时代，任何分析软件都必须通过手工的方式输入相关数据才能开展分析计算，而操作和使用这些软件不仅需要专业技术人员经过专业培训才能完成，同时由于设计方案的调整，造成原本就耗时耗力的数据录入工作需要经常性的重复录入或者校对，导致包括建筑能量分析在内的建筑物理性能化分析通常被安排在设计的最终阶段，成为一种象征性的工作，使建筑设计与性能化分析计算之间严重脱节。

利用 BIM 技术，建筑师在设计过程中创建的虚拟建筑模型已经包含了大量的设计信息（几何信息、材料性能、构件属性等），只需将模型导入相关的性能化的分析软件，就可以得到相应的分析结果。原本需要专业人士花费大量时间输入大量专业数据的过程，现在可以自动完成，大大缩短了性能化分析的周期，提高了设计质量，同时也使设计公司能够为业主提供更专业的技能和服务。

（六）工程量统计

在 CAD 时代，由于 CAD 无法存储可以让计算机自动计算工程项目构件的必要信息，所以需要依靠人工根据图纸或者 CAD 文件进行测量和统计，或者使用专门的造价计算软件根据图纸或者 CAD 文件重新进行建模后由计算机自动进行统计。前者不仅需要消耗大量的人力资源，而且比较容易出现手工计算带来的差错，而后者同样需要不断地根据调整后的设计方案及时更新模型，如果滞后，得到的工程量统计数据也往往失效。而 BIM 是一个富含工程信息的数据库，可以真实地提供造价管理需要的工程量信息，借助这些信息，计算机可以快速对各种构件进行统计分析，大大减少了烦琐的人工操作和潜在错误，实现工程量信息与设计方案的完全一致。

通过 BIM 获得的准确的工程量统计可以用于前期设计过程中的成本估算、在业主预算范围内不同设计方案的探索或者不同设计方案建造成本的比较，以及施工开始前的工程量预算和施工完成后的工程量决算。

（七）可出图性

在现阶段，由于建筑信息模型（BIM）的交付标准及其配套的法律制度还未完善，在工程建设的过程中，图纸的交付还是一个必需的工作程序。BIM 技术同样支持出图功能，并且这些图纸或报告是在进行了可视化设计、协调、模拟及优化后的成果，其出图质量和内容除了满足现行要求，还可以提供综合管线图、综合结构留洞图、碰撞检查侦错报告和建议改进方案等特色内容。

四、BIM 技术应用现状及原因分析

（一）BIM 技术应用现状分析

BIM 技术应用的理想状态是建设项目自策划立项开始到勘察设计、施工安装、运营管理直至拆除报废，整个过程全部采用 BIM 技术进行管理，覆盖所有应用场景。典型的应用场景主要有 20 种，分别是场地分析、建筑策划、BIM 模型维护、方案论证、可视化设计、协同设计、性能化分析、工程量统计、管线综合、施工进度模拟、施工组织模拟、数字化建造、物料跟踪、施工现场配合、竣工模型交付、维护计划、资产管理、空间管理、建筑系统分析和灾害应急模拟。这些应用场景分别归属于规划、设计、施工和运营等不同阶段。

任何事物的发展都有一个循序渐进的过程，BIM 也一样。受到电子计算机技术、网

络技术、社会认知和人员素质等一系列因素的制约，目前国内外的 BIM 应用更多的是侧重于某一项或几项应用场景。例如，何关培在其主编的《施工企业项目级 BIM 负责人指导手册》中将施工阶段的 BIM 应用场景划分为 17 个应用项共 39 个应用点，这些划分更细，针对性和操作性也更强。在钢结构深化、机电深化、碰撞检测、技术交底及竣工信息集成等应用比较成熟的应用项中，作者又进行了应用点的细化，比如，技术交底应用项又细分为隐蔽工程、复杂及关键节点和方案交底 3 个应用点，方便了相关人员根据工程特点选择针对性强以及适合的 BIM 工具。

现在国内的 BIM 应用主要有三维建模、可视化演示、设计优（深）化、碰撞检测、技术交底和施工模拟等方面。现在的 BIM 应用与设计活动相关的较多，而与施工阶段及后期运营阶段相关的应用场景则使用得较少或不成熟。同时还存在着大型建设项目（如上海中心大厦项目）和大型建筑公司（如中国中建、中国中铁等单位）在 BIM 技术推广和应用方面表现较好，但是大量的中小项目和中小型建筑企业还未广泛使用的情况。

下面从不同企业角度来分析，具体如下。①施工企业。目前施工企业 BIM 运用得较多，介入时间（特指 BIM 竣工模型）多在机电管线安装前，解决管线安装的问题，这也是施工单位使用 BIM 的主要功能。对 BIM 的造价算量功能，由于实际工程是有损耗的，有些损耗量是无法避免的，但是算量软件算不出，所以这种算量功能只能作为参考。②设计院。对设计院来说，无论是从使用习惯还是投入产出比来说，BIM 都不占优势。当前设计院使用 BIM 的主要好处是可检验设计错误，减少返工率，但是很多设计院还是习惯用 CAD。③业主方。很多业主方都很重视 BIM，但绝大多数业主并没有一个清晰的思路去运用 BIM。其实，BIM 对业主方是非常有利的，可对工程进行模拟和可视化，避免变更，减少浪费，节约成本，加快进度，方便管控。④咨询单位。咨询单位使用 BIM 的一般有 BIM 咨询公司和造价咨询公司。对于这些公司来讲，BIM 可以帮他们节省工作量，并且在发现问题时可及时修改。

（二）BIM 技术应用障碍的原因分析

（1）BIM 宣传不到位，社会认可度较低。最近几年，虽然 BIM 的推广有了不错的发展，但其知晓度仍然较低，相对于理论界对 BIM 的追捧，在建筑行业内部还是存在很大的疑虑，人们对其认识还存在不少的误区和偏见。比如，认为 BIM 就是一款软件（比如 Revit）、BIM 是虚拟可视化、BIM 是模型，这些都是比较狭隘的看法。在国外的科研界，BIM 还包括建设机器人、3D 打印建筑、物联网等，其概念是建设信息化。BIM 是一种方法，即如何运用信息化的手段来进行建设活动。最重要的是，BIM 是一种理念，一种如何分析事物看待世界的理念。软件只是实现 BIM 理念的一种工具，所以对 BIM 理念的推广宣传还得加大力度，从国家、行业、企业不同层面进行全方位的宣传普及。同时，运用 BIM 的企业及项目相对较少，所以社会近距离体验感受 BIM 的机会不多，不清楚这项技术到底能不能达到理论中宣传的效果，所以社会认可度较低。

（2）BIM 行业本身的原因。BIM 正处于高速发展期，理论研究已发展得比较成熟，但是国家和行业标准还不齐全、不完善。同时在软件方面，BIM 相关软件种类太多，大多不太成熟，而且各有不同的适用范围，没有一种占主导地位的强势软件或系统（Revit），导致同一种应用场景往往有多款软件可以选择。BIM 技术很重要的一个特点是信息共享，信息模型在不同阶段的传递过程中要保证数据的充分共享和有效传递，但是由于相关标准不统一和不同的软件间的兼容性问题，信息流的传导存在较大问题，从而影响了BIM 的推广。

（3）行业人才不足、培训费用高昂。因为 BIM 是一个新兴事物，正处于发展完善期，所以社会上的 BIM 人才不足，即使企业只选择个别应用点采用一种软件进行 BIM 应用，也存在人员严重不足的情况。现在市场上会使用 Revit 软件的人员相对较多，但对于一些钢结构工程公司来说，更加需要那些会使用 Tekla 软件的人，在社会上招聘这样的人员比较困难，更别提一些更小众、系统功能完善但价格高昂的软件操作人员了。在这种情况下，企业只能采取自己培养的道路，而且培训不仅要考虑人员问题，还必须考虑软件类型和购买的问题。比如，钢结构企业根据自身的情况决定采用 Tekla 软件，但是在一个项目中业主需要考虑到信息共享和信息传递问题，要求全部采用 Revit 软件，那么该公司就必须响应业主的要求，要么重新上一套 Revit 系统并对员工进行培训，要么寻求外协单位。所以综合下来培训费用高昂，产出比较低，导致企业向 BIM 转型过程困难、意愿低迷。此外，软件永远只是辅助工具，而最核心的永远都是人的专业知识和管理水平，而这两者的结合又需要相当长时间的磨合。但随着从业者素质的提高和人才换代，信息化将是一个必然发生的大趋势。

（4）企业内部工作流程、组织结构及职能需要调整。一个企业的机构设置除了考虑企业目标和业务范围，技术手段也是一个重要的因素。现在的设计及施工单位机构设置一般是按专业或职能进行划分的，成立不同的科室。BIM 应用的理想状态是融入日常生产管理流程，成为企业所有人员的日常工作工具，但是在相当长的时间内是无法实现的，所以现在的模式一般是成立专门的 BIM 部门或小组，对现有的业务流程进行辅助协作。对于企业来说，这个部门如何定位、与相关科室如何协作、企业工作流程如何改变、绩效如何考评等都需要考虑，一旦某个环节出现问题就会引起企业内部的动荡，进而影响企业的发展。

（5）利益和使用习惯上的冲突，造成企业求变动力小。对绝大部分的施工单位及分包商来说，方案变更是赚钱的一种方法，而 BIM 的一个重要价值就是避免变更。至于使用习惯，很多设计师和工程师都不习惯使用 BIM。对于中小型企业来说，现有模式得心应手，除非是创新型企业或者领导意志决定进行改变，一般来说如果模式的改变不会对企业的生存或者盈利造成影响，那么企业改变的内在动力就比较弱，这种变革在企业内部也受到获得利益者的反对，所以从企业内部来讲动力不足。

从外部来看，现在绝大部分工程项目（大型项目和特殊行业除外）的招标要求都未对 BIM 做出具体或强制性的要求，并且在国家政策方面也没有对企业在 BIM 应用方面的强制性规定。在这种情况下，企业也就没有足够的动力推行 BIM 改革。

（6）设备及软件问题费用高。BIM 的实现是需要一定物质条件支持的，主要包括硬件和软件两个方面。①硬件方面，计算机（台式和笔记本）、服务器（协作平台或云平台等）、实施设备（三维扫描仪、机器人全站仪、三维打印机、无人机、虚拟、增强、混合现实设备和手持移动端等），大多价格比较昂贵。②软件方面主要包括协作平台或专业软件。选择通用性软件或平台，价格相对较低，但是功能比较宽泛，没有针对性；采用软件公司开发的专用软件和平台可以保证功能对口，但是费用往往相对比较高昂，需要企业根据自身情况及行业特征进行综合考虑。不论哪种方案，企业在 BIM 上的投资都不小，对于经济能力有限的企业来说难度较大。在这种情况下，企业往往会采取观望的态度，谨慎投资。

五、BIM 发展展望

BIM 目前的发展存在各种各样的原因，但是从未来的发展方向来看，随着计算机技术的发展、国家政策、行业标准的完善以及工程案例经验的增加，BIM 技术必将走向成熟，为大众所接纳，完成一次新的设计革命。①从国家层面上要进一步加快标准规范的制定，为行业发展和企业跟进指明方向，同时对市场上的软件供应商要提出通用的数据交换标准，打通信息传递的关卡，为各种软件的兼容创造条件，维持公平竞争的市场环境，保持 BIM 行业的活力。②通过政府投资工程的示范作用为 BIM 的应用推广创造条件，并总结经验，供中小企业在转型和操作中进行借鉴。③从企业层面上讲，要加大投入，包括软硬件的投入和人员的培训，同时做好内部动员、工作流程及机构的调整等工作，为迎接 BIM 革命做好准备。虽然短期经济效益并不明显，但是从长期（项目全寿命周期和企业存续期）来看，BIM 技术的应用将对企业起到提质增效，增强竞争力的作用。④加强设计阶段完成后的 BIM 应用研究，以单个的应用点为切入点，通过不断的试验摸索总结经验，提高成熟度，当条件具备时再串联多个应用点，从而逐步打通 BIM 整个生命周期内的应用流程。

BIM 技术是我国建筑工程行业在"甩图板"革命后的又一次技术革命，在转变的过程中肯定会存在巨大的阻力，与欧美发达国家和地区相比，我国的 BIM 相关研究和应用已经有些落后，但是这提供了巨大的赶超动力，只有这样才能有效避免我国建筑工程行业技术的再次落后。对于企业来说，BIM 技术是一个包含了大量数据信息的宝库，这些信息的提炼和分析将为企业创造巨额的经济财富，其开发技术有待于进一步的拓展和实践。作为建筑工程行业相关从业人员，需要积极学习新的知识，在提高个人技术能力的同时，也为 BIM 技术在我国的发展贡献一份力量。

第三节　BIM 的终极目标

在基础设施领域，随着实景建模、连续性勘测、三维建模等一系列新技术的出现及其应用的成熟，三维正向设计登陆中国，在基础建设领域逐步形成气候。致力于基础设施发展的综合软件 Bentley 系统的全球土木设计产品副总裁达斯汀·帕克曼（Dustin Parkman），在 BIM 领域已有十余年工作经历，他结合 Bentley 在中外的成功实践，分析了 BIM 的终极目标是否为实现三维正向设计。

一、梅观高速：三维正向设计的中国探索

素有"深圳中轴线"之称的梅观高速公路成为中国大交通行业探索三维正向设计的样板。而欧美的许多国家已经制定政策全面推动三维正向设计，只因为它是当下城市化发展的关键解决方案之一。

在世界各地，很长一段时间里，大家都是通过翻模来实现 BIM 应用的。但大家都有这样一个共识，三维正向设计是 BIM 的终极目标。相对于传统二维设计，三维正向

设计将逐渐占领更大的市场。

在过去的 5 年里，美国联邦财政拨款到各州，以 3D 设计建模标准替代基于 2D 的标准。整个欧洲尤其是斯堪的纳维亚地区，也在推进这样的工作流程。各国政府最终都会向新技术、新流程看齐。3D 设计建模不仅能节省巨大的资金和人力物力，还能有效解决目前城市化进程中难以解决的问题。中国的许多设计大院已经在三维正向设计方面进行了积极探索，深圳的梅观高速公路就是这一探索的样本。

梅观高速公路市政改造项目要求将原有高速公路改扩建为城市快速路的主路，不仅需要建成一道漂亮的城市风景线，还要在两侧新建城市快速路的辅路及道路配套系统，并要求考虑该轨道交通设施对于社区和环境的影响，整个系统庞大而复杂。梅观高速公路全长 19.3 公里，总投资 94 亿元人民币，共设互通式立交 8 处、桥梁 37 座、综合管廊总长约 17.6 公里。与此同时，项目所处地区公路网密集、车流量大、设计周期短，这些都给项目设计带来了相当大的挑战，如果采用传统的勘测设计方式，项目很难在规定的时间内交付。这也是多年来许多问题悬而未决的原因。

负责该项目的中交第一公路勘察设计研究院有限公司（简称"中交一公院"）通过运用 Bentley 实景建模技术与 OpenRoads 道路设计系列软件创建了全线地面实景模型、三维地质模型和地下管线模型，快速构建了虚拟的三维数字环境，然后在该环境中完成了道路、桥梁、综合管廊设计。同时，基于 Open Roads Designer 进行了二次开发，快速创建和批量布置了复杂桥梁结构和综合管廊复杂节点模型。最后，利用 Bentley Lumen RT 对集成的模型进行了道路方案景观方案设计、交通导改方案，以及整体项目方案的比选和优化。

这一解决方案充分发掘了 3D 模型的可视化和数据化价值，简化了设计流程，大大提升了设计质量和效率，降低了项目成本：比原计划的 9 个月交付时间提前了 43 天，节约成本 220 万元人民币，节省了计划设计修改工作量约 120 天、初步设计审查时间约 60 天、管道设计错误检查时间约 150 天。

二、三维正向设计是"节约型"设计

以前，人们对"节约"的理解仅限于与设计相关，这是很片面的。真正为设计模式带来变革动力的是施工和运维过程，因为正向工作流会在这些方面节约大量资金。从施工的角度来讲，施工阶段的费用占整个项目资金超过 90%，节约 10% 施工资金远比从设计过程节约 20%、30% 的资金要多。

目前，在美国市场，正是铁路和公路系统的施工和下游运营维护驱动了工程师改变他们的可交付条件。工程师从中发现，BIM 交付条件为施工下游单位的运营维护提供了很多有用的信息。所以，这才是真正的驱动力量，并且会改变整个产业链，BIM 应用牵一发而动全身。

土木工程项目的结构正在发生变化，项目涉及不同领域，有设计团队、施工团队、运营团队、维护团队，但这些团队并不会见面，也很少交流，在每个阶段，他们会输入相关的可交付信息，愿意按照既定的流程工作。当前，至少在绝大多数地方，这种合作都发生了很大变化，比如施工承包商在项目更早阶段就开始参与规划和设计后的工作。这些不同的团队有更多的交流活动，共同致力于如何高效率、低成本地完成项目，从而保障正常运营，为公众和企业减少额外负担。这些都需要在早期进行更多的整合与交流。

在交付之前，设计师可以按照自己的想法轻松更改模型，每一次更改，模型会自动更新相应数据，节省了大量重复绘图时间，这有利于设计师在限定时间内为业主提供最优秀、最具创意的设计作品；而施工方也可以通过输入实时施工数据，随时跟踪、监控项目进度，同时还可以通过预先检测将错误率和返工率控制到最小。在项目交付后，3D模型中的所有数据都移交给运维方，为后期运维以及延长资产的寿命周期提供了宝贵的信息资源。

三、让三维正向设计切实可行的新技术

实景建模、连续性勘测、综合建模环境的行业解决方案等新技术正成为 BIM 技术圈的新庄家。比如，实景建模将复杂环境从不可能变成可能。它不仅大量简化了复杂的工作，在获取数据方面简单易行，而且降低了勘测成本，实现保真的信息和丰富的环境。在美国和澳大利亚等国家，连续性勘测也做出了杰出的贡献，比如使用它来监测土建工程每天的进度，确保是否与土建的计划进度保持一致。

在初期的勘测数据采集阶段以及施工阶段，都可以使用连续性勘测。施工连续性勘测很重要，因为每天施工的进程都在变化，比如混凝土、钢筋、安装等。很多不同的团队做着不同的工作，很多不同的事情都在变化。要想每一次都完全测量一个区域是不切实际的，而连续性勘测成为更好的方案。比如，砌一个挡土墙时，如果不能在某个特定的时间完成，就用一个轻型的手持扫描仪把目前的状态扫描下来，为下一步的工作做准

备，随后不断地把各个小部分的勘测集中在一起并组合起来，最终形成一个完整的模型，这就是连续性勘测的工作方式。

比如在梅观高速公路这样的项目中，传统方式下通常需要使用六七种不同的产品来完成概念设计和深化设计，以达到可交付条件。但采用 OpenRoad 软件，所有的设计内容都可以实现，其中有内嵌的排水管设计模块、公路设计模块、混凝土设计模块等，还可以实现地表岩土工程和隧道接口等设计。

未来，城市化进程将会进一步加快，世界各地的农村人口会继续从农村向城市地区集中。中国可能会是世界上城市化发展最快的国家，因为中国政府一直在为城市化做相应的必要准备。

未来 10 年，一些地区的人口预计增长率为 40%，而这些地区的基础设施很多都是 200 年前兴建的。比如，改造老旧的和建设新的基础设施需要 600 亿美元，但根据大多数政府的估算，他们只能提供 250 亿美元来完成这件事，这就造成了一个高达 350 亿美元的资金缺口。面对这么大的资金缺口，各国政府唯一的选择就是如何运用目前最先进的技术大幅提高工作效率、降低成本，而 BIM 技术正是验证这些解决方案的方法之一。

第四节　BIM 正向设计与应用

随着 BIM 技术的不断发展，通过项目全生命周期的 BIM 应用，可提高建筑行业的精细化管理水平和信息化应用水平。结合 BIM 设计项目实践，可以总结出从早期的 BIM 辅助设计、建筑单专业 BIM 正向设计到现在的全专业 BIM 正向设计经验。

一、BIM 正向设计

BIM 正向设计是项目从方案设计开始到项目施工完成交付使用，全过程基于 BIM 模型来进行设计、施工、管理、运营。项目设计方创建 BIM 模型，基于模型进行设计优化、管线碰撞、性能分析、三维协同等工作，最后基于协调模型剖切视图进行标注深化出图；施工方在设计模型基础上进行施工方案深化设计、施工模拟、进度管理等；甲方基于模型进行项目管理和运营。各参与单位依据模型进行设计交互、信息共享，项目工作流程、工作方式、交付成果均发生改变，使项目从设计阶段开始到施工、运营，全面提高项目质量和项目管理水平。

（一）BIM 设计资源

1. 技术人力资源

现阶段国内 BIM 人才主要分 3 种：①懂 BIM 不会设计；②懂 BIM 会设计；③懂 BIM 会设计能管理。第 1 种人才的培养较容易，毕业生只要有机会很快就能掌握 BIM 技术，接受度很高；第 2 种人才相对较少，需要有机会参与正向设计并有持续的 BIM 项目延续；第 3 种更是凤毛麟角，既需要满足前面的条件又要对 BIM 进行研究和总结，同时还需要积累一定的工作经验和项目管理经验。针对设计院来说，培养 BIM 设计师的成本远高于培养传统设计师的成本，再加上设计院人员流动性较大，要组建一个稳定的 BIM 设计团队，对技术人力资源的需求就更大。

2. 项目设计周期

国内项目设计周期一般是倒推出来的，导致留给设计阶段时间非常短，BIM 设计周期需要一个合理的时间，不能极限压缩，主要原因有：①项目设计团队对 BIM 流程不够熟悉，对软件功能的操作熟练度不够，导致工作效率不高；②部分专业增加一定工作量；③软件系统有一定限制，针对国内本地化做得不够好，BIM 国产软件相对较少；④相关 BIM 标准不健全，同时 BIM 设计暴露出很多二维设计难以发现的问题，之前设计未解决留给施工方优化的工作只能在设计阶段解决。

3. 软硬件配置

软硬件是 BIM 工作中非常重要的组成部分之一，项目采用 BIM 软件，需统一策划。软件不仅用于建模，对不同的参与方还有不同的用途：对建筑师可能是设计建模和出图，对施工单位可能是深化设计和协调模型。项目一般会设置多软件进行协调配合，包括建模软件、整合平台、轻量化浏览、项目管理、数据分析等（常用软件包括 Revit、Bentley、ArchiCAD、Digital Project、Tekla、Navisworks、Enscape、Fuzor、Twinmotion 等）。硬件是支持软件和运行模型的基础，从桌面端服务器到云端服务器，高配置的计算机会提升工作效率，主要包括使用常规的设计团队配置及一台高性能的工作站进行项目的全专业合模检查，以及一台移动工作站进行 BIM 演示汇报。

4. 设计管理升级

BIM 不仅仅是一个模型或一类软件，还是一种会给建造过程带来改变的更有效、更先进的管理方法。BIM 是数据集中的管理模式，其在设计方式、项目组织、人员分配、专业交互等方面改变了原有的工作模式，因此需要一套新的工作流程和管理模式开展设计，才能更好地完成 BIM 相关工作。

（二）BIM设计变革

1. 设计方式改变

CAD设计以线和文字为基础，强调二维表达。图形与文字相互独立，容易造成图纸对不上等问题。

BIM设计以模型和信息为基础，强调三维空间，模型、信息、图形高度统一。平面图、剖面图、立面图、详图实际为一个模型不同的剖切视图，图形之间相互关联，解决了专业内与专业间信息不统一、图纸对不上等问题。

2. 任务分配改变

CAD设计按图纸分配任务，设计顺序为先平面再立面、剖面，最后详图设计。平面图、立面图、剖面图、放大图对应不同设计师。

BIM设计按照项目实际工程拆分任务，不同设计师对应的可能是核心筒、套型、标准层、外幕墙、构件族等，设计过程不仅要考虑平面，而且要兼顾立面、剖面和详图，建模设计过程需兼顾全面。

3. 协同设计升级

CAD设计参照底图模式，规定时间节点进行提资。修改设计对各专业一般是按照一个时间周期反馈；对其他人或其他专业的影响及对于问题的处理和反馈相对滞后。

BIM设计为"专业内中心文件＋专业间链接中心模型"的三维协同模式，专业内设置中心文件协同，按工作集划分工作内容，一个模型一张图可多人同时协同完成；专业间链接中心模型进行设计，修改提资只需点击同步与更新，修改信息会实时反馈到各专业，对其他人或其他专业的影响会实时呈现。

4. 项目模拟分析

CAD设计需根据图纸重新创建模型，每次更新图纸需对应更改模型，设计、分析和建模的人可以是不同的人，可能会导致模型不够准确，反馈结果相对滞后。

BIM设计利用设计模型，通过转换模型格式导入计算模拟软件，设计师能够独立完成模拟、分析、计算，对成果把控更好，对设计推进更有利。

5. 项目信息整合

CAD设计项目数据是离散的图形，携带数据有限，只能通过线型、图层及说明表达，无法对项目进行整合，也很难通过软件进行数据提取，项目管理相对比较分散。

BIM设计数据集中管理，模型需输入项目信息，如门的具体尺寸、防火等级、生产厂家、材质等参数，能对项目信息进行整合，可通过软件进行数据筛分，可实现不同参与方对项目的不同需求。

6. 设计任务前置

CAD设计中，各阶段的工作深度已比较明确，如在扩初阶段机电一般为单线表达，在项目完成90%后才进行管线综合设计。

BIM设计中，各专业设计工作均前置，扩初深度要求结构、机电管线均需按尺寸建模，在项目周期内会有3次管线综合，分别在项目周期的50%、70%、90%阶段。BIM相关技术要求和资源均需在项目正式开始前部署完成，初步设计阶段前置施工图工作量占10%～20%。

二、BIM正向设计应用实践

（一）设计准备阶段

1. 编制项目策划书

BIM策划是具有建设性、逻辑性思维的过程，此过程的目的是提前规范所有可能影响项目进度和成果的因素，对项目实施起到了指导和控制作用，以保证项目最终完成。项目策划书会随项目情况不断更新，确保策划的可实施性。BIM策划至少包含以下7个内容：① BIM实施策略；②软件标准及软件平台；③项目人员安排及分工；④模型拆分及权限设定；⑤项目基准点及数据交换；⑥校审、会审流程及日期；⑦成果交付标准。

2. BIM设计环境准备

基于Revit的设计环境主要包括项目基准、模型标准、注释标准。项目基准包括项目标高、轴网、立面、视图范围设定；模型标准包括墙体、柱、楼板、屋顶、管线等模型构件的设定；注释标准包括尺寸标注、文字标注、门窗标记、填充、注释线等设定，还包括协同网络搭建、权限划分等。

3. 模型文件组织

项目类型不同其模型组织方式也不同。对于住宅项目按每个套型单独拆分为1个子模型，对套型进行建模和详细设计，包括平面图、放大详图、套型立面、降板、留洞设计等。套型设计工作均在套型子模型中完成，对应楼栋进行拼装出图。对于公建项目一般按照地下、裙楼、塔楼进行拆分，每个分区对应建筑、结构、机电、幕墙等子项建模设计，最后进行合模优化和出图。

4.BIM 出图策划

根据项目要求，提前对项目 BIM 出图范围进行策划。BIM 模型出图分为两种：①完全在 BIM 环境中对视图进行深化设计归档（优先选择）；②将视图导入 CAD 环境中进行二维加工，完成图纸深化设计，需注意后续所有修改应保证 CAD 图纸与模型保持一致。另外受软件限制，项目部分图纸现阶段还需 CAD 进行补充设计（如机电系统图等）。

（二）建模设计阶段

1.BIM 模型创建

在方案阶段进行 BIM 建模设计，利用 BIM 可视化特性，向甲方进行场地、空间、建筑外形、立面效果的展示，利用 BIM 性能分析的优势对项目进行声光热、能耗等数据分析以优化项目方案。

扩初施工图正式开展 BIM 设计一般会有两种情况：①方案阶段已采用 BIM 进行设计，可沿用模型进行深化；②方案未采用 BIM 设计或采用 BIM 设计但标准相差较大时，需重新建模。无论是哪种模式，施工图设计初始均需对整个项目模型按照施工图策划重新拆分和组织，并按照施工图设计标准进行模型建立与标准统一。

进行建筑、结构扩初设计需首先提出初始 BIM 模型和提资视图，满足第一次提资交互要求，对机电进行建模设计。全专业完成初始模型后进行第一次合模检查，接下来全专业设计工作均基于 BIM 模型进行交互，完成项目设计阶段的工作，最后提交完整的 BIM 模型和图纸文件。

施工图设计阶段是在扩初设计基础上继续进行模型深化，综合建筑、结构、机电各专业进行 BIM 协同、碰撞检查、相互校核，进行项目全专业冲突检测和机电管线综合设计，基于终版 BIM 模型完成施工图设计出图，并将部分施工、采购、设备数据等具体要求反馈到 BIM 模型和相关数据库。

2.参数化设计

BIM 参数化设计分两种：①通过参数控制项目整体或局部形态，具体可通过 Revit 的插件 Dynamo、Revit 或自适应构件，或 Catia 平台的 DP 实现，对于 Rhino+Grasshopper 进行的参数建模实际是一个几何模型，并不带有建筑信息；②参数化控制构件（如门窗、墙、柱、楼板、楼梯等），将建筑构件和设备的各种真实属性采用参数的形式进行模拟，通过参数调整，驱动构件形体发生改变及性能模拟比较。

3.BIM协同设计

BIM三维协同设计是各专业在同一个模型空间进行3D协调设计，项目信息高度集成，数据交互一致。专业内依照中心文件进行设置模型，划分工作集可实现多人同时完成同一个模型设计。专业间采用链接服务器中心文件进行数据交换，保证数据的准确性和及时性。其优势是一处修改，处处更新，所有数据源头模型唯一，大量减少专业内及专业间对图的时间，也有效避免了因专业间不一致而造成的变更，更有利于项目数据的管理。

4.可视化设计

可视化设计是BIM技术带来的全新设计方式，平面设计和三维空间相互关联，模型和图纸结合在一起。BIM更注重建筑构件之间的三维关系。基于BIM模型成果的效果图、虚拟漫游、仿真模拟等多种项目展示手段，可以让各方对项目本身有一个深度直观的了解。

（三）BIM应用成果

1.数据统计

采用BIM进行项目管理的关键点之一是数据共享，采用BIM进行数据分析的优势在于模型、信息、表格是关联的，设计过程就是布置各类构件族的过程。各类构件布置完成、信息录入准确，相当于各类数据表格已完成，项目需要的指标可通过明细表功能将所需要的信息提取出来，也可通过其他软件进行分类提取，根据模型进行的工程量进行计算、设计调整、数据结果均无须手动计算，系统会自动更新。

2.碰撞检查

碰撞检查是BIM应用现阶段价值点之一，如何进行有效、有价值的检查是关键点，同时对于问题的跟踪记录也必不可少。Navisworks是一款整合项目BIM模型进行检查和问题记录的平台，其基本可整合现阶段所有通用的数据格式文件。通过Navisworks对各专业模型进行全面检查和验证，专业间的冲突、高度方向的碰撞是考量重点。同时对问题通过保存视点的方式进行记录；在下一版模型中进行对比，对问题跟踪验证。

3.管线综合

BIM现阶段应用最广泛的是管线综合，通过整合建筑、结构、设备BIM模型，结合净高分析结果对重点部位及不满足设计要求的部位进行管线路由优化设计，梳理管线走向排布。按照不同专业的功能要求和施工安装要求统筹协调管线和设备，完成定位和走向排布，最终完成管线综合图纸和协调模型。BIM 正向设计会分阶段（通常会在项目周期的 50%、70%、90% 阶段和最终完成阶段）进行模型综合和管综优化，每个阶段对应要审查和关注的问题点有所区别。

4. 图模一致

BIM 正向设计二维图纸来源于模型，设计师基于模型进行项目性能分析、合模检查、管线综合等设计协调工作，完成后通过剖切模型生成平面视图，对二维平面视图进行标注并完成施工图设计出图，以求保证模型、图纸的一致性、准确性。不论是否为正向设计出图，只有实现图模一致，后续 BIM 才能发挥更大价值。模型准确度应优先于图纸表达的准确性，这样基于模型的 BIM 应用成果才能准确有效。

5. 轻量化成果

BIM 模型分为设计模型和浏览模型。设计模型对计算机配置要求较高，需要依靠专业软件查看。浏览模型是设计模型转换为轻量化模型，供参与方共享。各参与人员无须安装专业软件即可在网页端、移动端、PC 端随时查看模型，并进行审核和意见批注，可提高业主及设计相关方的沟通效率，为设计提供良好的决策条件。

在不断更新的技术条件下，不论是企业还是个人均需制定出短期、中期、长期的 BIM 规划。规划既要符合行业的发展方向又要符合国家战略。对于企业初期，明确方向和设定目标非常重要，同时要做好长期投入的准备，不仅是软硬件，还包括人才培养、BIM 研发等方面，这会是持久的改变过程。对于 BIM 带来的改变要积极适应，优化企业相关工作流程，改变激励制度，改革分配机制。同时要对可预见的风险做好应对措施，包括相关法律法规、合约合同签订、成果交付标准等。相信 BIM 正向设计的普及只是时间问题，BIM 最终会实现项目全生命周期的信息化和数字化精益管理。

第二章 建筑工程施工技术

第一节 高层建筑工程施工技术

最近几年，我国社会经济有了飞速的发展，人们对建筑工程的各方面要求也越来越高，这也使建筑工程的施工难度不断增加。笔者深入的探究了建筑工程施工的各种技术，并指出了其中的问题和解决对策，希望可以更好地促进建筑业的健康可持续发展。

深入分析高层建筑的实际施工可以发现，高层建筑的建设难度是很大的。因为高层建筑的整体结构更加繁杂，平面以及立面的形式也更加多样，同时施工现场的面积不够开阔，而且现如今人们不仅对建筑工程的整体质量有了更高的要求，对建筑工程外表的美观性也有了更高的要求，上述这一系列问题的存在使高层建筑工程的施工难度不断增加，所以建筑施工企业一定要不断提高自己的施工水平，这样才能很好地保证建筑工程的整体质量，才能在激烈的市场竞争中取得立足之地。除此之外，建筑企业的设计工作者和施工者还必须根据实际的施工状况以及使用者对于工程的要求，确定最高效可行的施工方案，并积极引入先进的技术、工艺，严格进行施工现场的管理工作。

一、高层建筑工程施工技术的特点

（一）工程量大

在高层建筑施工过程中，其建筑物规模都较为巨大，因此，建筑工人的工程量便会增多，工程承包方便需要聘用更多的施工人员、引进更多的施工机械。高层建筑物不仅工程量大，而且施工过程中存在较大的难度，在整体的施工过程之中，施工人员需不间断地进行一定的整合与创新：一方面对建筑物进行施工，另一方面对涉及工程施工的具体流程进行优化。在此种情况下，高层建筑工程的施工难度便会逐渐增大，全体施工人员面临巨大的挑战。在此基础上，工程承包方与施工人员将承受巨大的压力，这也对施工人员提出了更高的技术要求。

在施工人员对住宅、办公、商业区进行建筑施工的过程中，在不同时期，施工完成的工程量都是不同的。6月中旬，施工人员对商业区完成的工程量最大。建筑工程的施工量巨大，在不同季节，施工人员面临着不同的挑战，其完成的工程量具有差异化的趋势。

（二）埋置深度大

高层建筑需要具有一定程度的稳固性，从而有效避免建筑坍塌的危险。在风力大的区域进行施工的过程中，施工人员更需注重建筑楼层的稳定性，保障人民群众的生命安全不会受到侵害。为使高层建筑的稳定性得到相应程度的保障，施工人员需要对建筑物的埋置深度进行合理的把控。在埋置的过程中，施工人员的地基深度需不小于建筑物整体高度的1/12，建筑楼层的桩基需不小于建筑楼层整体高度的1/15。此外，在建筑过程中，施工人员需至少修建一个地下室，当安全问题突发的时候，现场施工人员能够进行逃生，使危险系数降低。

（三）施工过程长

在高层建筑工程的施工过程中，其工程量巨大，因此便需花费较大的时间进行工程施工，工程周期较短的需要几个月，工程周期较长的需要几年。施工承包方为了获得较大的经济效益，会相应地缩短工程施工周期。在此基础上，施工承包方需要对工程的安全性提供一定程度的保障，在此前提下，对工程进行相应的优化。为了使工程施工周期得到相应程度的缩短，工程承包方需对施工过程的整体流程进行相应的把控，对于交叉施工的环节，施工承包方更需进行合理的调控，使施工周期得到一定程度的缩短。

二、高层建筑工程施工技术分析

（一）结构转层施工技术

在高层建筑工程施工的过程中，施工人员需对建筑顶端轴线位置进行相应的调控，对上部顶端轴线位置要求较小，而对下部建筑物轴线的位置则要求较高，施工人员需进行较大的调整。此种要求与施工人员在建筑过程中需要掌握的技术要领呈相反状态，在这种情况下，建筑工程施工技术会与实际应用存在一定程度的差距，所以需运用特殊的工法进行房屋建筑工程的修建。在建筑施工的过程中，建筑人员需对楼层设置相应的转换层，在此种结构模式中，当发生地震的时候，楼层的抗震性便能得到相应程度的增强。此外，在建筑的过程中，建筑人员需对楼层的结构转换层的高度进行一定程度的限制。只有在合适的高度基础上，楼层的安全性才能得到相应程度的保障，人民的生命健康也能免受威胁。

（二）混凝土工程施工技术

在施工的过程中，施工人员需使用混凝土进行工程的建设，因此，施工人员需对混凝土质量进行严格的把控。在混凝土质量检验的过程中，需遵照相应的标准，比如其是否具有较大的抗压性能，是否适应建筑工程施工技术的要求。在工程开展前，相应人员应对水泥标号开展一定程度的审查，在审查的基础上，有效避免较多错误的发生。此外，水泥与水需对水灰比进行合理的调控，在施工人员运用合理调控比例的情况下，才能确保工程施工的合理开展，工程混凝土施工技术得到相应程度的保障，在运用恰当比例配合的过程中，混凝土施工技术将得到更大程度的发展，从而确保工程的精细化施工。在混凝土施工过程中，需根据不同楼层的建筑面积进行不同的混凝土调配比例，从而使工程施工技术得到更大的发展。对于商场等特大建筑层，便需要施工人员进行较多的水凝土调配，在精准计划调配的基础上，保障高层建筑工程顺利施工。

（三）后浇带施工技术

在高层建筑的主楼与裙房间具有相应的后浇带。在实际生活中，当施工人员进行工程建筑施工的时候，会将主楼与裙房之间进行相应程度的连接。在连接的过程中，施工人员会使主楼处于中央的位置，裙房围绕主楼进行相应程度的环绕，主楼与裙房应进行一定程度的分离。在运用变形缝的基础上，会使高层建筑的整体布局发生相应程度的改动，为了使此种问题得到一定程度的缓解，施工人员需运用后浇带施工技术。在运用此技术的过程中，能使高层建筑处于稳固的状态中，使其不会出现相应程度的沉降危险，工程施工进度得到相应程度的保障。后浇带技术是一种新颖的技术，其能适应高层建筑工程不断发展的步伐。

（四）悬挑外架施工技术

在脚手架搭建的过程中，在建筑物外侧立面全高度和长度范围内，随横向水平杆、纵向水平杆、立杆同步按搭接连接方式连续搭接，与地面成 45°～60° 的夹角。此外，对于长度为 1m 的接杆应运用 5 根立杆的剪刀撑进行一定程度的固定，而对于剪刀撑的固定则应运用 3 个旋转的组件，在不断搭建的过程中，旋转部位与搭建杆之间应保持一定的距离，以 0.1m 的距离为最佳范围，才能保证外架的稳定性。在高层建筑施工的过程中，只有外架处于一种稳定的状态中，才能确保高层建筑工程施工的安全性。根据施工成本管理，低于 10 m 不是最佳搭设高度，按照扣件式钢管脚手架安全规范的要求，悬挑脚手架的搭设高度不得超过 20 m，20.1 m 为最佳搭设高度。在脚手架搭设的过程中，其脚手架的立杆接头处应采用对接扣件，在交错布置的过程中，相邻的立杆接头应处于不同跨内，且错开的距离至少应为 500 mm，各接头中心与主节点的距离应小于 1/3。

在规范中以双轴对称截面钢梁做悬挑梁结构，其高度至少应为 160 mm，且每个悬挑梁外应设置钢丝与上一层建筑物进行拉结，从而使其不参与受力计算。

综上所述，在高层建筑施工的过程中，施工承包方为使其建筑物的安全性得到一定程度的保障，会要求施工人员对施工技术手段进行相应的调整。在不断调整的过程中，施工技术能得到更大的发展，从而使高层建筑的施工质量得到一定程度的保障。

第二节　建筑工程施工测量放线技术

建筑工程施工测量是施工的第一道工序，是整个工程中占有主导地位的工程，而建筑施工测量放线技术则为施工中的各个方面都提供了正常运行的保障。本节主要分析探讨施工测量的流程、质量监控及技术，以及视觉三维技术在测量放线技术中的应用。

一、概述

在建筑施工项目启动之后，首先要做的工作就是施工定位的放线，它对于整个工程施工的成功与否具有及其重要的意义。在实际施工过程中，测量放线不仅要对施工进度实时跟进，还要根据施工进度对设计标准和施工标准进行对比，及时改正施工误差，对建筑工程标准高度和平面位置进行测量。在每一个施工项目进行施工之前，做好必要的准备，不仅要对设计图纸进行反复的检验，还要对设计标准进行探究分析，保证每一个环节都能达到设计标准。施工人员严格按照图纸要求进行施工，把图纸上体现出来的各个细节全部展现在建筑物上。在施工人员进行测量放样时，如果要保证测量放线的可靠性和严谨性，就必须严格按照施工图纸进行施工，从而保证工程质量，降低返工率。还要求施工人员对于施工作业具有丰富的经验和熟练的器械设备操作经验。如果在测量放线的过程中出现差错，必然会对施工项目的建设成果造成影响。在工程施工完成后，测量放线人员要根据竣工图进行竣工放线测量，以便对日后建筑可能出现的问题及时进行维修。

二、建筑工程施工测量的主要内容和准备工作

（一）测量放线的主要施工内容

主要施工内容是按照设计方的图纸要求严格进行测量工作，以便后期对施工项目的查验。对于前期的施工场地要做好土建平面控制基线或红线、桩点、表好的防线和验收记录，对垫板组进行相应的设置，然后对基础构件和预件的标准高度进行测量。建立主轴线网，保证基础施工的每一个环节都做到严格按照图纸施工，先整体，后局部，高精度控制低精度。

（二）测量之前的准备工作

1. 测量仪器具的准备

严格按照国家相关规定，在钢框架结构中投入使用的计量仪器具必须经过权威的计量检测中心的严格检测，在检测合格之后，填写相关信息的表格作为存档信息。应填写的表格有计量测量设备周检通知单、计量检测设备台账、机械设备校准记录、机械设备交接单。

2. 测量人员的准备

相关操作的测量人员要根据测量放线工程的测量工作量及其难易程度配备。

3. 主轴线的测量放线

根据建立的土建平面控制网和测量方案，对于整个工程的控制点进行相应地主轴线网的建立，并设置主控制点和其余控制点。

4. 技术准备

做到对图纸的透彻了解并且满足工程施工的要求，对作业内的施工成果进行记录以便后期核查。

三、测量放线技术的应用

在每一个施工项目之前对其进行定位放线是关乎工程施工能否顺利进行的重要环

节。平面控制网的测放以及垂直引测、标高控制网的测放以及钢珠的测量校正都是为了确保施工测量放线的准确与严谨，而测量放线技术的掌控能力则是每一个技术管理人员必备的技能。

（一）异形平面建筑物放线技术

在场面平整程度好的情况下，引用圆心，随时对其进行定位，如果在挖土方时，因为建筑物或土方的升高，出现圆心无法进行延高或者圆心被占，就要对其垂直放线，进行引线的操作，这是异形平面建筑物最基本的放线技术，可根据实际施工情况选择等腰三角形法、勾股定理法和工具法等相应地进行测量放线。将激光铅直仪设置在首层标示的控制点上，逐一垂直引测到同一高度的楼层，布置 6 个循环，每 50 m 为一段，避免测量结果出现误差的累计，确保测量过程的安全和测量结果的精准，做到高效且快速，保证测量达到设计标准。

（二）矩形建筑放线技术

在这种情况下，最常使用的测定方式有钉铁钉、打龙门桩和标记红三角标高，在垫层上打出桩子的位置并对 4 个角用红油漆进行相应的标注。在矩形的建筑中，通常要对规划设计人员在施工设计图中标注的坐标进行审核，根据实际的施工情况对其进行相应的坐标调整，减少误差，对建筑物的标高和主轴线进行相应的测量。

四、视觉三维测量技术在测量放线中的应用

随着科技的不断发展，动态和交互的三维可视技术已被广泛应用于地理现象演变过程的动态分析及模拟，在虚拟现实技术和卫星遥感技术中尤为明显。视觉三维测量技术简单来说就是把在三维空间中的一个场景描述映射到二维投影中，即监视器的平面上。在进行三维图像的绘制时，主要的流程就是将三维模型的外部造型进行描述，大致逼近，从而在一个合适的二维坐标系中利用光照技术对每一个像素在可观的投影中赋予特定的颜色属性，显示在二维空间中，也就是将三维的数据通过坐标转换为二维的数据信息。

由此可见，建筑工程施工测量放线技术在施工之前以及施工的过程中被反复应用，关系到整个施工项目的成败，对施工质量管理起着重要的作用。随着建筑造型的多样变化，测量放线技术的难度日益增加，因此应该对每一个环节的应用进行分析探讨，严格按照指定的施工方案实施，从而保证工程施工的质量。

第三节　建筑工程施工的注浆技术

目前，随着时代的发展，建筑工程对于我国至关重要，而建筑工程是否优质，则由注浆工作的优劣决定。注浆技术就是将按一定比例配好的浆液注入建筑土层中，使土壤中的缝隙达到充足的密实度，起到防水加固的作用。注浆技术之所以被广泛运用到建筑行业，是因为其具有工艺简单、效果明显等优点，但将注浆技术运用到建筑行业中也遇到了大大小小的问题。本节旨在通过实例来分析注浆技术，试图得出可以将注浆技术合理运用到建筑行业的具体措施。

建筑工程十分繁杂，不仅包括建筑修建的策划，还包括建筑修建的工作，以及后面维修养护的工作。随着科技的飞速发展，建筑技术不断成熟，注浆技术也有一定程度的提升，而且可以更好地应用于建筑过程中，但是在运用的过程中也遇见了很多大大小小的问题，这不仅需要专业技术人员去努力解决，还需要国家多颁布政策激励大家解决问题。注浆技术运用于建筑工程中的主要优点是：一定比例的浆料往往有很强的黏度，可以将土壤层的空隙紧密结合起来，填补土壤层的空隙，最终起到防水加固的作用。目前，注浆技术在我国还处于初步发展阶段，还需要我们进一步的研究和探索。

一、注浆技术的基本概论

（一）注浆技术原理

注浆技术的理论基础随着时代和科技的发展越来越完善，越来越适合用于建筑工程中。注浆技术的原理十分简单，就是将有黏性的浆液通过特殊设备注入建筑土层中，填补土壤层的空隙，提高土壤层的密实度，使土壤层的硬度以及强度都能够得到一定程度的提升，这样当风雨来袭时，建筑能够有很好的防水基础。格外值得注意的一点是，不同的建筑需要配定不同比例的浆液，这样才可以很好地填充土壤层缝隙，起到防水加固的作用。如果浆液配定的比例不合适，那么注浆这一步工作就不能产生实际的作用，造成工程量的增加，也浪费了大量的注浆资金。因此，在进行注浆工作前，要根据不同的建筑配备合理的浆液比例，这样才有利于后续注浆工作的进行。而且注浆设备也要进行定期的清理，不然在注浆的工程中，容易造成浆液的堵塞，影响后续工作的有效进行，而且如果浆液凝固在注浆设备中，便难以对注浆设备进行清理，容易造成注浆设备的报废，也会造成浆液资金的大量浪费。

（二）注浆技术的优势

注浆技术虽然处于初步发展阶段，但是已经广泛运用于建筑工程中，主要原因是其具有3个优势：第一个优势是工艺简单；第二个优势是效果明显；第三个优势是综合性能好。注浆技术非常简单，就是将有黏性的浆液通过特殊设备注入建筑土层中，填补土壤层的空隙，提高土壤层的密实度，使土壤层的硬度以及强度都能得到一定程度的提升。而且注浆技术可以在不同部位进行应用，这样就有利于同时开工，提高工作效率；注浆技术也可以根据场景（高山、低地、湿地、干地等）的变换而灵活更换施工材料和设备，比如在高地上可以更换长臂注浆设备，以满足不同场景下的施工需要。注浆技术最主要的优点就是效果明显，相关人员通过合适的注浆设备进行注浆，用浆液填补土壤层的空隙，从而使建筑能够很好地防水并保持稳固，即使洪水暴雨来袭，墙壁也不容易进水和坍塌。在现实生活中，注浆技术十分重要，可以有效防治地震时建筑过早地坍塌。综合性能好是注浆技术运用于建筑工程中最明显的优点。注浆技术将浆液注入土壤层中，能够很好地结合内部结构，不产生破坏，不仅可以很好地提升和保证建筑的质量，还可以延长建筑结构的寿命。这些优势使注浆技术在建筑工程中受到广泛的欢迎。

二、注浆技术的施工方法分析

注浆技术有很多种：高压喷射注浆法、静压注浆法、复合注浆法。高压喷射注浆法是注浆技术中比较基础的一种，而静压注浆法主要应用于地基较软的情况，复合注浆法是将高压喷射注浆法和静压注浆法结合起来的方法，从而起到更好的加固效果。每种方法都有不同的优势，相关人员在进行注浆时，可以结合实际情况选择合适的注浆方法，这样才可以事半功倍，也可以将多种注浆方法结合使用，这样有利于提高工作效率。下面进行详细介绍。

（一）高压喷射注浆法

高压喷射注浆法在注浆技术中是比较基础的一种技术。高压喷射注浆法最早不在我国运用，早在18世纪20年代的时候，日本首先应用了高压喷射法，并且取得了一定的成就。我国后引入高压喷射注浆法后将其运用于建筑工程中，也取得了很好的效果。在使用的过程中，我国相关人员总结经验、结合实例，对高压喷射注浆法进行了一定的改善，使其可以更好地运用在我国的建筑过程中。高压喷射注浆法主要运用于基坑防渗中，这样有利于基坑不被地下水冲击而崩塌，进而保证基坑的完整性和稳固性；高压喷射注浆法也适用于建筑的其他部分，不仅可以有效进行防水，还进一步提高了建筑的稳定性。高压喷射注浆法与静压注浆法相比，具有很明显的优势，即高压喷射注浆法可以适用于不同的复杂环境中，而静压注浆施工法只能应用于地基较软的环境。但是静压注浆法与高压喷射注浆法相比，也有其自身的优势，就是静压注浆法可以对建筑周围的环境给予一定的保护，而高压喷射注浆法却不能。

（二）静压注浆法

静压注浆施工方法主要应用于地基较软、土质较为疏松的情况。注浆的主要材料是混凝土，其自身具有较大的质量和压力，因而在地基的最底层能够得到最大程度的延伸。混凝土凝结时间较短，在延伸的过程中，会因为受到温度的影响而直接凝固，但是在实际的施工过程中，局部施工环境的温度会有所不同，因而凝结的效果也大不相同。

（三）复合注浆法

复合注浆法具体来说是由上文介绍的静压注浆法与高压喷射注浆法相结合的方法，所以其同时具备了静压注浆法与高压喷射注浆法的优点，在应用范围上也更加广泛。在应用复合注浆法进行加固施工时，首先通过高压喷射注浆法形成凝结体，然后通过静压注浆法减少注浆的盲区，进而起到更好的加固效果。

三、房屋建筑土木工程施工中的注浆技术应用

注浆技术在房屋建筑土木工程施工中也被广泛应用，主要运用在土木结构部位、墙体结构、厨房与卫生间防渗水中。土木结构部位包括地基结构、大致框架结构等，都需要使用注浆技术来进行加固。墙体一般会出现裂缝，如果每一条缝隙都需要人工来进行补充，不仅会加大工作压力，而且填补的质量得不到很好的保证，这时就需要使用注浆技术来帮忙。通过将浆液注入缝隙中，可以很好地进行缝隙的填补，既不破坏内部结构，也不破坏外部结构。人们在厨房与卫生间经常用水，所以厨房和卫生间一定要注意防水，而使用注浆技术能够很好地增加土壤层的密实度，从而提高厨房和卫生间的防渗水性。下面进行详细介绍。

土木结构随着注浆技术的发展应用范围越来越广，其技术也越来越成熟，特别是注浆技术的加固效果，使各施工单位乐于在施工过程中使用注浆技术。土木结构是建筑工

程中重要的一部分，只有结构稳固，才能保证建筑工程的基本质量。注浆技术能够对地基结构进行加固，其他结构部位也可以利用注浆技术进行加固。尽管注浆技术有如此多的妙用，在利用注浆技术对土木结构部位进行加固时，仍要严格遵守以下施工规范：施工时要使用合理比例的浆液，而且要选择合适的注浆设备，这样才能事半功倍，保证土木结构的稳定性。

（一）在墙体结构中的应用

墙体一旦出现裂缝就特别容易出现坍塌，严重威胁人民的人身安全。对此，需要采用注浆技术来有效加固房屋建筑的墙体结构，防止出现裂缝，保证建筑质量。在实际施工中，应当采用粘结力较强的材料进行裂缝填补注浆，从而一方面填补空隙，另一方面增加结构之间的连接力。另外，在注浆后还要采取一定的保护措施，才能够更好地提高建筑的稳固性，保证建筑工程的质量，进而保证人民的人身安全。

（二）厨房、卫生间防渗水应用

注浆技术在厨房、卫生间防渗水应用中使用得较为频繁。注浆技术主要为房屋缝隙和结构进行填补加固。厨房、卫生间是用水较多的区域，它们与整个排水系统相连接，如发生渗透现象将会迅速扩散渗透范围，严重的话会波及其他建筑部位，最终导致坍塌。解决厨房、卫生间的防渗水问题，需要采用环氧注浆的方式：首先要切断渗水通道，开槽后再进行注浆填补，完成对墙体的修整工作。

综上所述，注浆技术是建筑工程中不可或缺且至关重要的技术，其不仅可以加固建筑，而且可以提高建筑的防水性。注浆技术有很多种——高压喷射注浆法、静压注浆法、复合注浆法，相关工作人员只有结合实际情况选择合适的注浆方法，才能事半功倍，还可以将多种注浆方法结合使用，进行提高工作人员的工作效率，保证建筑工程的质量。

第四节　建筑工程施工的节能技术

随着我国经济社会的迅速发展，人们的物质生活不断提高，越来越多的人住进了现代化的高楼大厦。同时，人们对建筑工程施工的需求也越来越高，越来越多的高楼大厦正在拔地而起。但是，在建筑施工过程中存在着许许多多的困难，对于建筑施工节能技术的研究亟待提高。这些问题也是每一个从业者必须要面对的，下面我们就对建筑施工节能技术的研究进行具体分析。

目前，我国建筑行业已经取得了较大的进步，施工技术及工程质量也得到了较大提升。人们越来越重视节能、环保、绿色、低碳发展，这就对我国建筑工程施工过程提出了较高的要求。建筑企业应当根据时代发展的需求不断调整自身的建筑方式以及施工技术，最大限度地满足用户的需求。建筑企业对建筑物进行创新、节能建设可以有效降低房屋施工过程中的能源损耗，提高建筑物的稳定性及安全性。随着社会发展进程的不断加快，各种有害物质的排放量也逐渐增加，如果不及时加以控制，人类必将受到大自然的反噬。因此，将节能环保技术应用于建筑施工工程已经成为大势所趋。节能环保技术有助于节能减排，还可以有效减少环境污染，促进我国可持续健康发展。

一、施工节能技术对建筑工程的影响

建筑节能技术对建筑工程主要有 3 方面的影响。第一，节能技术的应用能够减少建筑施工中施工材料的使用。节能技术通过提高技术手段、优化施工工艺，采用更加科学、合理的架构，对建筑施工的整个过程进行优化，可以减少建筑施工过程中的物料使用与资源浪费，降低建筑工程的施工成本。第二，节能技术在建筑施工过程中的使用，能够降低建筑对周边环境的影响。在传统的施工建筑过程中，噪声污染、光污染、粉尘污染、地面垃圾污染等问题严重，对施工工地周围的居民造成比较大的困扰，节能技术的应用可以将建筑物与周围的环境相融合，营造一个环境更加友好的施工工地。第三，节能技术的应用可以帮助建筑充分利用自然资源与能源，建筑在投入使用后可以减少对电力资源、水资源的消耗，提高建筑整体的环保等级，提高业主的舒适感。

二、施工节能技术的具体技术发展

（一）在新型热水采暖方面的运用

根据相关统计，燃烧煤炭在我国北部地区依然是主要的采暖方式，但是在其燃烧时会释放出 SO_2、CO_2 和灰尘颗粒等有害物质，这不但浪费了不可再生的煤炭资源，而且严重影响环境和居民健康。随着时代的进步，新型绿色节能技术的诞生意味着采暖方式也将向更加绿色环保的方向前进。例如，采用水循环系统，即在工程施工时利用特殊管道的设置连接和循环水方法，使水资源和热能的利用率最大化，增加供暖时长，减小污染和浪费，改善居住环境。

（二）充分利用现代先进的科学技术，减少能源的消耗

随着科学技术的不断发展，越来越多的先进技术被运用到当代的建筑中，并且这些技术对于环境的污染并不是很多，这就要求我们充分地利用这些技术。科学技术的不断发展可以很好地解决节能相关问题。利用先进的技术，要考虑楼间距的问题。动工的第一步就是开挖地基，这一过程必须要运用先进的技术进行精密的计算，不能有一点差错，只有完成好这一步才能更好地完成之后的工作，为日后的建设打下坚实的基础。太阳能的使用也是有划时代意义的。太阳能作为一种清洁能源，取之不尽用之不竭，现在已经逐步走入千家万户。另外还可以收集雨水，进行雨水的清洁处理，实现真正的水循环，以减少水资源的浪费。充分利用自然界的水风太阳，实现资源的循环使用，真正做到节能发展。

（三）将节能环保技术应用于建筑门窗施工中

在施工单位将建筑整体结构建设完成后，应当进行建筑物的门窗施工。门窗施工工程在建筑物整体施工过程中占有重要地位，门窗的安装不仅需要大量的材料而且需要大量的安装工人，而材料质量较差的门窗会影响建筑整体的稳定性和安全性。在安装结束后还会出现一系列的问题，这就迫使施工单位进行二次安装，严重增加了施工成本，同时也降低了施工效率以及建筑质量。因此，建筑企业在进行建筑物的门窗施工时，应当充分采用节能环保材料以及新型安装技术，完整实现门窗的基本功能，同时还能够使其和建筑物整体完美融合，增强建筑物的环保性、稳定性、安全性以及美观性。

（四）建筑控温工程中的节能技术应用

在施工过程中，控制温度的基础设施主要是建筑的门窗。首先，在建筑的选址与朝向设计上，要应用先进的技能科技，通过合理的测绘和数据计算，根据当地的光照情况与风向情况，合理地设计建筑的门窗朝向与门窗开合方式。保障建筑在一天的时间内，有充足的自然线与自然风从窗户进入建筑内部，减少建筑后期装修中的温控设备与新风系统的资源能源消耗；其次，要科学地设计门窗在建筑中的位置、形状与比例，根据建筑的朝向和整体的室内空气调节系统的设计，制定合理的门窗比例，既不能将比例定得过大，造成室内空气与室外空气的过度交换，也不能定得过小，造成室内空气长期流通不畅；再次，要采用节能技术，在门窗周围设置合理的温度阻尼区，令进入室内的外部空气的温度在温度阻尼区进行合理的升温或降温，使之与室内温度的差值减小，减少室内外的热量交换，降低建筑空调与新风系统的压力；最后，要选择节能的门窗玻璃材料

与金属材料，例如，采用最新的断桥铝多层玻璃技术，增强窗户的气密效果，减少室内外的热量交换。

综上所述，建筑施工中节能技术的应用，是现代建筑工艺发展进程中的一种必然趋势，既有利于建筑行业本身合理地利用资源能源，促进行业的健康可持续发展，也响应了我国建设环境保护型、资源节约型社会的号召，同时还符合民众对新式建筑的普遍期待，是建筑施工行业由资源能源消耗型产业转向高新技术支持型产业的关键一步。

第五节　建筑工程施工绿色施工技术

本节以建筑工程的施工为说明对象，对施工过程中应用的绿色施工技术进行深入分析和研究，主要阐述在建筑工程施工过程中应用绿色施工技术的目的和重要性，并且针对这个行业在未来发展中可能存在的问题进行分析。

随着社会的不断进步和经济的快速发展，建筑行业在取得了长远发展的同时也面临着相应的问题。施工技术缺乏和环保理念贯彻问题等，给建筑工程的施工开展带来了很大的影响。因此，解决这些问题是目前的关键所在，针对这种特殊情况，有关部门和单位必须对绿色施工技术进行及时的改进和优化，然后在建筑工程施工中去应用这些绿色施工技术，让整个施工任务变得更加绿色和环保，提高建筑工程施工的质量效果和效率。

（一）在环保方面的研究

我国的建筑行业在众多工作人员的不懈努力之下已经今非昔比，在世界建筑业领域也占有一席之地，但是在建筑行业快速发展的同时相关部门却严重忽视了环境保护在建筑施工中的重要影响，只关注经济效益而忽视环境效益。从某种程度上而言，建筑工程的建设会消耗大量的人力、物力和财力，并给施工现场周围的环境带来很大的损害，另外还受到了施工技术落后和施工机械设备落后的影响，这和我国的可持续发展战略是相违背的，并且周边居民的日常生活和工作也会因为建筑工程的施工而受到严重的干扰，所以对建筑工程施工绿色施工技术进行优化迫在眉睫。绿色施工技术的目的就是在建筑工程施工过程中可以保护周围的环境不受破坏，让建筑工程施工和自然环境和谐相处。

传统的建筑工程施工技术在使用的过程中不可避免地将产生大量的环境污染问题，并对后期的环境改善工作提出新挑战。而通过绿色施工技术的应用，可以在提高环境保护效果的同时，减少环境污染的产生。与此同时，通过利用环保型建材也可以减少建筑成本，并提高工程建设的质量效果和效率，由此建筑工程施工所带来的社会效益和经济效益最终实现和谐统一，给我国建筑行业的环保性和节能性带来了积极的作用，改善了以往建筑行业的高消耗和高污染的特点，让建筑工程的施工变得更加绿色环保。

（二）应用关键性技术

1.施工材料的合理规划

在传统的建筑工程建设中，施工技术在施工材料的使用上出现了过度浪费的现象，由此给建筑工程建设增加了成本。然而，解决这一问题需要对施工材料进行合理的选择并不断地推动其进行优化，从而减少建筑企业在材料方面的成本投入，实现对材料的高效使用。具体而言，选择一部分能够二次回收利用或者循环利用的原材料就是实施方法之一。在建筑工程施工进行中，相关工作人员一定要严格遵守绿色施工的原则，而做到这一点就必须从材料的合理选择、优化方面着手，优先利用无污染、环保的材料来进行施工建设。当然，对于材料的储存问题也要进行充分的考虑，减少因为方法问题而带来的损失。与此同时，针对建设中出现的问题还需要进行后续环保处理，由工作人员借助一些先进的设备来对这些材料进行回收利用和处理，比如说目前经常用到的机械设备就是破碎机、制砖机和搅拌机等。在对这些材料实现了回收利用之后还需要着重注意利用多重处理方式进行操作，对于处理后的材料重新利用，将废旧的木材等不可再生资源循环利用，提高资源利用效率，实现环保理念的贯彻。

除此之外，还需要在实践中展开对施工技术的选择和优化，对施工材料进行科学的管理和使用，减少因为材料过多或者使用方法不恰当而发生材料浪费的现象。在施工任务正式开始之前，施工人员一定要根据实际情况做好施工图纸的设计工作，对整个工作阶段进行很好的规划，对每一个环节、每一个细节都要给予关注；并且在施工阶段，工作人员一定要严格按照预先计划进行施工，做好材料的采购和使用，尽量避免材料的浪费，给企业创造更大的经济效益和社会效益。

2.水资源的合理利用

水资源目前是一种相对来说比较紧缺的资源，但是我国现在建筑行业关于水资源使用的现状却不容乐观，依然普遍存在水资源浪费的现象。针对这种情况，相关部门一定要采取措施及时进行解决。在水资源合理利用中十分关键的一个环节就是基坑降水，这个阶段通过辅助水泵效果的实现可以有效推动水资源的充分利用，并减少资源的浪费现象。通过储存水资源的方式也可以方便后续工作的使用，这一部分的水资源的具体应用主要体现在：对于楼层养护和临时消防的水资源利用的提供。从某种程度而言，这两个环节是可以减少水资源消耗的重要环节，可以最大化地减少水资源的浪费。

与此同时，建筑施工中还可以通过建造水资源的回收装置来实现水资源的合理利用，对施工现场周围区域的水资源展开回收处理，针对自然的雨水资源等进行储存、净化以及回收，提高各种可供利用水资源的利用效率。比如说，对施工区域附近来往的车辆展开清洗工作用水、路面清洁用水、对于施工现场的洒水降尘处理用水等进行合理的规划设计，提高水资源利用效率。除了上述内容，建筑行业还必须严格制定有效的水质检测和卫生保障措施来实现非传统水源的使用和现场循环再利用水，这样也可以在最大限度上保证人的身体健康，提高建筑工程的施工质量。

3. 土地资源利用的节能处理

很多建筑工程在具体的建设施工过程中都会对周围的土地造成破坏，并带来利用危害，这主要是指：破坏土地植被生长情况、造成土地污染、减少水源养护、造成水资源的流失等现象。这些情况的存在会给周围的施工区域带来十分严重的影响。由此，针对这种情况，相关部门必须要提高对于施工环境周围地区的土地养护工作的重视程度，及时采取有效措施进行问题的解决和土地资源的保护。而且，由于建筑工程施工缺乏对于建筑施工的有效设计和合理规划，从而导致了其在具体施工阶段给土地带来很严重的影响；并且由于没有对施工的进度进行严格的把控，很大一部分的土地处于闲置状态，进而造成土地资源的浪费。对于这种问题，需要有专门的人员进行施工方案的有效设计和重新规划，对于具体建设施工过程中土地的利用情况进行全面的分析和研究，对其有一个全面的了解和认识，最终形成对建筑施工设备应用和施工材料选择的全面分析和合理设计。

除此之外，在做好提高资源利用效率工作的同时，还需要加强对节能措施推进工作的监督，对于在建筑施工中应用的各种电力资源、水资源、土地资源等进行节能利用，减少资源浪费现象的存在。当然，在条件允许的情况下，可以多利用一些可再生能源，发挥资源的替代效果。在建筑工程施工阶段要对机械设备管理制度进行不断的建立健全，对设备档案进行不断的丰富和完善。与此同时，做好基础的维修、防护工作，提高设备的使用寿命，并将其稳定在低消耗、高效率的工作状态之下。

总而言之，建筑行业随着社会、经济的快速发展而不断进步，但是这同时也出现了许多问题，针对这种情况必须在施工阶段采用绿色施工技术并且对这项技术进行不断的改进和优化，对施工方案进行合理的安排和科学的规划。除此之外，还需要培养施工人员的节约意识，制定合理的管理制度，避免出现材料浪费和污染的现象，给建筑工程的绿色施工打下一个坚实的基础，提高建筑工程施工的效率和质量。

第六节　水利水电建筑工程施工技术

随着经济的进步与社会的发展，人们越来越重视水利水电工程发挥的实际作用。水利水电工程对我国人民而言意义重大，若是没有水利水电工程，人民的日常起居都无法正常进行。对此，国家应当加强对水利水电工程的关注，确保水利水电工程的施工技术能够提高，从而促进水利水电工程的建设。

一、水利工程的特点

水利工程的施工时间长、强度大，其工程质量要求较高，施工人员责任重大，所以，在水利工程的施工中，要高度重视质量管理，保证水利工程的高效、安全运转。水利工程施工与一般土木工程的施工有许多相同之处，但是水利工程施工也有其自身的特点。

首先，水利工程起到雨洪排涝、农田灌溉、蓄水发电和生态景观的作用，因而对水利工程建筑物的稳定、承压、防渗、抗冲、耐磨、抗冻、抗裂等性能都有特殊要求，需要按照水利工程的技术规范，采取专门的施工方法和措施，确保工程质量。

其次，水利工程多在河道、湖泊及其他水域施工，需要根据水流的自然条件及工程建设的要求进行施工导流、截流及水下作业。

再次，水利工程对地基的要求比较严格，工程又常处于地质条件比较复杂的地区和部位，若地基处理不好就会留下隐患，事后难以补求，需要采取专门的地基处理措施。

最后，水利工程要充分利用枯水期施工，有很强的季节性和必要的施工强度，与社会和自然环境关系密切。因而实施工程的影响较大，必须合理安排施工计划，以确保工程质量。

二、水利建筑工程施工技术分析

（一）分析水利建筑施工过程中施工导流与围堰技术

施工导流技术作为水利建筑工程建设，特别是对闸坝工程施工建设有着不可替代的作用，施工导流应用技术的优质与否直接影响着全部水利建设施工工程能否顺利完成交接。在实际工程建设过程中，施工导流技术是一项常见的施工工艺。现阶段，我国普遍采用修筑围堰的技术手段。

围堰是一种为了暂时解决水利建筑工程施工，而临时搭建在土坝上的挡水物。一般情况下，围堰的建设需要占用一部分河床的空间。因此，在搭建围堰之前，工程技术管理人员应全面探究所处施工现场河床构造的稳定程度与复杂程度，避免发生由于通水空间过于狭小或者水流速度过于急促等问题，而给围堰造成巨大的冲击力。在实际建设水利施工工程时，利用施工导流技术能够良好地控制河床水流运动方向和速度。施工导流技术应用水平的高低，对整体水利建筑工程施工进程具有决定性作用。

（二）对大面积混凝土施工碾压技术的分析

混凝土碾压技术是一种通过大面积碾压来使各种混凝土成分充分融合，并进行工程浇注的工程工艺。近年来，随着我国大中型水利建筑施工工程的大规模开展，这种大面积的混凝土施工碾压技术得到了广泛的推广与实践，呈现出良好的发展态势。这种大面积混凝土施工碾压技术具有一般技术无法替代的优势，即能够通过这种技术的应用与实践取得相对较高的经济效益和社会效益。再加上，大面积施工碾压技术施工流程相对简单，施工投入相对较小，且施工效果显著，因此得到了众多水利建筑工程队伍的信赖，被大量应用于各种大体积、大面积的施工项目中。与此同时，同普通的混凝土技术相比，这种大面积施工碾压技术还具有同土坝填充手段相类似、碾压土层表面比较平整、土坝掉落概率相对较低等优势。

（三）水利施工中水库土坝防渗、引水隧洞的衬砌与支护技术

（1）水库土坝防渗及加固。为了有效避免水库土坝变形发生渗漏，在施工过程中通常对坝基采用帷幕灌浆或者劈裂灌浆的方法，需要尽可能保证土坝内部形成连续的防渗体。从而消除水库土坝渗漏的隐患。在对坝体采用劈裂灌浆时，必须结合水利建筑工程的实际情况来确定灌浆孔的布置方式，一般是布置两排灌浆孔，即主排孔和副排孔。具体施工过程中，主排孔应沿着土坝的轴线方向布置，副排孔则需要布置在离坝轴线1.5 m 的上侧，并要与主排孔错开布置，孔距应该保持在 3~5 m 范围内，同时要尽量保证灌浆孔穿透坝基在坝体内部形成一个连续的防渗体。而如果采用帷幕灌浆的方法，则应该在坝肩和坝体部位设两排灌浆孔，排距和劈裂灌浆大体保持一致，而孔距则应该保持在 3~4 m，同时要保证灌浆孔穿过透水层，还要选用适宜的水泥浆和灌浆压力，只有这样才能保证施工的质量。

（2）水工隧洞的衬砌与支护。水工隧洞的衬砌与支护是保证其顺利施工的重要手段。在水利建筑工程施工过程中常用的衬砌和支护技术主要包括：喷锚支护及现浇钢筋混凝等。其中，现浇钢筋混凝土衬砌与一般的混凝土施工程序基本一致，同样要进行分缝、立模、扎筋及浇筑和振捣等；而水工隧洞的喷锚支护主要是采用喷射混凝土、钢筋锚杆和钢筋网的形式，对隧洞的围岩进行单独或者联合支护。需要格外注意的是，在采用钢筋混凝土衬砌时，要注意外加剂的选用，同时要注意对钢筋混凝土的养护，确保水利建筑工程的施工质量。

（四）防渗灌浆施工技术

（1）土坝坝体劈裂灌浆法。在水利建筑工程施工中，可以通过分析坝体应力分布情况，根据灌浆压力条件，对沿着轴线方向的坝体予以劈裂，之后展开泥浆灌注施工，完成防渗墙的建设，同时对裂缝、漏洞予以赌赛，并且切断软弱土层，保证提高坝体的防渗性能。通过坝、浆相互压力机的应力作用，使坝体的稳定性能得到有效提高，保证工程的正常使用。在对局部裂缝予以灌浆的时候，必须运用固结灌浆方式展开，这样才可以确保灌注的均匀性。假如坝体施工质量没有设计标准，甚至出现上下贯通横缝的情况，一定要进行权限劈裂灌浆，保证坝体的稳固性，实现坝体建设的经济效益与社会效益。

（2）高压喷射灌浆法。在进行高压喷射灌浆之前，需要先进行布孔，保证管内存在一些水管、风管、水泥管，并且在管内设置喷射管，通过高压射流对土体进行相应的冲击。经过喷射流作用之后，互相搅拌土体与水泥浆液，上抬喷嘴，这样水泥浆就会逐渐凝固。在对地基展开具体施工的时候，一定要加强对设计方向、深度、结构、厚度等因素的考虑，保证地基可以逐渐凝结，形成一个比较稳固的壁状凝固体，进而有效达到预期的防身标准。在实际运用过程中，一定要按照防渗需求的不同，采用不同的方式进行处理，如定喷、摆喷、旋喷等。灌浆法具有施工效率高、投资少、原料多、设备广等优点，但在实际施工中，一定要对其缺点进行充分的考虑，如对地质环境的要求较高、施工中容易出现漏喷问题、器具使用繁多等。只有对各种因素进行全面充分的考虑，才可以保证施工的顺利完成，进而确保水利建筑工程具有相应的防身效果，实现水利建筑工程的经济效益与社会效益。

水利建筑工程施工技术的高低直接影响着水利项目应用效率的高低。因此，我们需要对水利工程的相关技艺进行深入的研究和分析，同时加强施工过程中的管理，保证其施工的顺利进行，确保水利建筑工程的施工质量，为国家经济的发展发挥更加重要的作用。

第三章 建筑智能化

第一节 谈建筑智能化

本节将介绍"智能化"概念的产生，分析智能建筑在中国的发展现状，并从基础、信息通信、管理等方面，对智能建筑的具体设计进行详细的论述，最后对智能建筑的发展进行展望。

一、"智能化"概念的产生

早期人们的住所非常简陋，只能满足人们最基本的需求。随着社会的发展、科技的进步，人们的活动范围日益扩大，在扩大的同时人们的居住、工作等空间的要求越来越高。随着时间的推移，人们对建筑单体的要求不再是简单的休息、工作的空间，人们对它赋予了更多层次的要求。人们对单体环境的要求逐渐提高，对湿热、空气质量、水、电、光、声及信息环境做出具体的要求。随着科学技术和生产力的迅速提高，以前单体设计时需要的范畴得到扩充。

建筑单体方案设计随着 20 世纪 90 年代后期网络的兴起，人们的交通组织方式、单体各个功能间的相互协调等要求都有了明显变化，包括了更多的现代信息技术，智能建筑（intelligent building）也悄然出现。

智能建筑的设计理念是由美国人率先提出的。1984 年美国人建成了世界上第一座智能化建筑，此建筑运用计算机技术对单体内空调、给水、消防、安防及强弱电等系统设计采用自动化统筹设计，并为单体内业主提供语音、文字、数据等各类技术信息。在此以后，日本、德国、英国、法国等发达国家的智能建筑也相继发展。智能建筑已成为现代化城市的重要标志。

对于智能建筑这个专属词汇，世界上不同的国家对其有着截然不同的诠释。比如，美国智能建筑学会诠释其为：智能建筑是指建筑单体对其结构、系统、服务和管理这4个基础要点实施优化配置，为业主创造出一个高效率且具备经济效益的空间。日本智能建筑研究会诠释其为：智能建筑需满足包含商业辅助功效、通信辅助功效等在内的相关辅助功效作用，且能实现较高的自动化单体管理系统保障、舒适的景观和安防系统保障，从而提升其原有的工作效率。欧盟智能建筑集团诠释其为：智能建筑是能够使业主提高效率、只需提供相对低廉的维护资金、最合理地管控其自身的建筑物。该建筑物能够提供一个反应迅速、高效且有执行力的环境，从而满足业主的相关要求。

二、智能建筑在中国的现状

在中国，智能建筑设计开始于1990年，北京发展大厦为中国智能建筑的最初尝试者。在20世纪90年代，我国智能建筑设计逐步开始推广，以当时的上海市浦东区为例，1997年一年该地区就设计出近百栋的智能建筑设计图纸，并在随后得以实施。随后，在21世纪开始之年的10月，住房与城乡建设部发布了我国第一个智能建筑在设计方面的蓝本——《智能建筑设计标准》GB/T 50314—2000。该规范确切定义了智能建筑的含义——"以建筑为平台，兼备建筑设备、办公自动化及通信网络系统，集结构、系统、服务、管理及它们之间的最优化组合，向人们提供一个安全、高效、舒适、便利的建筑环境。"第一次以国家规范的形式定义了智能建筑的含义，同时也界定了智能建筑的内容和其所代表的含义。明确指出了智能建筑的定义。同时也明确了在设计伊始，每一位设计师对智能建筑的设计方向和相关的设计内容，规范了其在设计时所考虑的范畴和相关的标准化设计。随着生活水平的提高，人们对建筑物单体的智能化要求也日趋完善和提高，这促使每一个设计从业者都要去认真、细致地了解每一位业主及来访人员的需求，在设计的时候进行尽可能多的考虑。一个单体的智能化程度的高与低、好与坏，不在于设计时运用了更高技术含量的网络集成技术，而在于每一位设计师尤其是建筑设计师在设计的时候是否充分考虑到每一个细节。

三、智能建筑概念设计

在方案设计时要以智能建筑概念为基础，以"高效、安全、舒适、便利"为主导设计理念，最大限度地满足单体中各个部分的功能要求和其使用需求。在施工图纸的绘制过程中，各专业间需相互配合以达到单体或者整个项目的"智能最大及最合理"化，具体设计时可分为以下3个方面：基础部分、信息通信部分、管理部分。下面分别进行阐述。

（一）基础部分

基础部分是智能建筑最基础的，起着奠基石的作用。建筑专业要协调电气专业以及结构专业，在单体的基础部分就开始布置和实施，为单体内部的下一步组织和分配奠定基础。其主要内容包括两个方面。第一方面为弱电线路基础布置，主要是指单体内部弱电管道和布线排布，包含单体内主管道的水平及垂直走向、布线总线路走向、布置位置以及相关线路的接地系统。第二方面为单体建筑物的防雷接地，内容包括相关网控机房、消防和安防调度室、GPS 接收系统、单体周边设备、楼内管线的防雷接地点和接地网的布置。这部分需要建筑专业统一协调，以达到各部分的相互统一。

（二）信息通信部分

信息通信部分是指单体内弱电线缆的铺设和相关设备线路的走线。具体包括以下两个方面的内容。

1.综合布线系统

综合布线系统包含小区内部计算机的相互连接以及与因特网连接的网络、可视电话的区域连接、视频监控系统、楼宇设备自控系统以及其他相关智能化系统的综合线缆布置等。以上通信部分需要建筑专业人员与甲方进行沟通，确定其需要的部分，并指导相关专业配合，以达到统一布置，综合利用的总体效果。

中国农业大学水利土木工程学院党委书记杨培岭以《节水灌溉技术的未来发展方向和趋势》为题做了演讲。他呼吁要深入基础理论研究，加快节水灌溉科研成果的转化，实现节水灌溉技术的创新；要推广自动化控制系统，加强节水灌溉设备质量的监管控制，加强水资源管理，合理确定水价，建立健全节水灌溉体系服务。

当前绝大多数项目均是接入万兆以太网，能够保证千兆到各层、百兆到用户端。如果单体为综合体，应考虑不使用功能部分的信息通信在物理上各自独立。

2.电话通信系统

随着人们对这部分的要求越来越精细，电话通信系统应包含以下几个方面：电话程控交换系统；带有无线基站的无绳电话；带有寻呼基站的寻呼系统；采用微蜂窝寻呼技术与程控电话交换机相对接，实现交换机分机寻呼、人工键盘寻呼或手持对讲机寻呼等功能。

3.相关机房系统

相关机房系统包含网络中心的装修、强电配置、防雷接地、安防、专用区域的 VRV

空调系统等内容。同时为我国现行的三大移动信号商（联通、移动、网通）提供信号覆盖、增强相关特定区域的屏蔽。建筑专业在施工图绘制过程中要考虑这些方面的空间预留，以及与相关专业间的配合走线，以达到布局合理、空间利用紧凑的效果。

（三）管理部分

此部分设计是为了便于整体管理而设置的，以实现项目"管家式"管理的设计理念。具体包括以下 3 个方面。

1. 相关设备监测系统

相关设备监测系统包含热水、给水、中水、强弱电、防排烟、喷淋以及电梯扶梯等相关系统的控制和管理，同时还要对不使用的功能进行独立分隔，对同一使用功能部分进行独立计费等，在综合管理的同时还要兼顾其分别使用的要求。

2. 安防系统

安防系统包含视频监控、入侵报警、保安巡逻、门禁控制、停车场管理、访客对讲等若干个相对独立的小系统。

3. 火灾报警控制系统

火灾报警控制系统主要是保证各个单体建筑物内部、各建筑物之间的火灾自动报警，消防联动与自动灭火等功能。这部分相对比较独立，但是在建筑专业绘制施工图工程中要考虑相关位置的预留，这部分最容易遗忘的就是预留空间不足或者无预留空间。

以上是作者对智能建筑的理解，智能建筑并不是某一专业尤其是电气专业的专项。每一位专业人士都要对其进行细心的研究，尤其是建筑专业的人士，要起到承上启下，相互连接的作用。一个智能建筑的智能化程度有多高，取决于其开发者的开发定位，同时也取决于一个建筑师的经验和细心程度，只有这两方面有机地结合在一起，才能创造出真正意义上的智能建筑。

对比国外智能建筑的发展和趋势，我国的智能建筑还处于初级阶段。但是随着社会的发展和广大人民群众对智能化要求的提高，我国的智能建筑设计领域有着光明的前景。在广大建筑师们的不懈努力下，我国的智能建筑定会早日与国际接轨。

第二节　建筑智能化与绿色建筑

智能化建筑概念的逐步普及，使越来越多的人更加青睐于新型的智能化建筑。智能化建筑通过系统联动，能有效节能降耗，达到绿色建筑的要求。本节将讨论绿色智能化建筑的原理、技术和系统集成等，将在结构以及建筑施工和运营的基本要求等方面进行详细阐述。

目前，随着我国城市的不断扩建，土地资源紧张。现有的资源越来越跟不上人们消耗的步伐。不可再生资源的生产难以长久地满足日益增长的建筑消耗需求。为了体现出"可持续发展"和"和谐社会"等符合社会发展和顺应时代潮流的理念，可以对现有土地资源进行升级改造，但这也会占用大量的人力和财力。而对现有资源的智能化与绿色化利用比开发新的资源更加有效，旧的土地等资源若是得不到合理的使用，将会进一步破坏生态环境。在人们的思维层面上，建筑应该是安全第一、舒适第二、健康第三，只有满足这 3 个要素，绿色建筑的理念才真正落到实处。绿色建筑一定要保障人们居住的舒适程度，但是不会以大量消耗现有资源为代价。它在资源的使用、选用上有了很大的改观，例如过去常使用煤炭发电、火力发电，但是现在一般是利用风能、太阳能或者水力发电。这种在能源利用上的转变最大地契合了绿色建筑的概念，例如开发新的节能设备取代原有的高耗能设备。

在建筑中加入智能化系统，使人们的居住环境更加方便、快捷、智能和绿色。建筑智能化与绿色建筑的发展前景非常美好，其中科技创新在智能化与绿色建筑发展中将有很大的提升空间。

一、绿色智能化建筑的概念

在传统建筑建造中，施工以及运行整个产业将会消耗地球上接近一半的水资源、能源和原材料资源，而建筑产业在温室效应方面也带来巨大的负面影响，同时它还会污染水资源，产生不可降解且不能二次利用的建筑垃圾，同时会产生一些对人体有害的气体。新型的绿色化建筑将会改变这种局面，新型绿色建筑在能源消耗、材料使用方面始终贯穿绿色理念。建筑智能化以信息技术为辅助，以建筑技术和可持续发展为根本。在现代社会发展中，不断涌现出新技术、新设备、新系统，如公共安全管理系统，使人们的居住与办公环境更加舒适、便捷和安全，同时环保、节能的理念也融入其中。

建筑智能化与绿色化在日常生活中随处可见。以绿色为理念、智能化为手段，在建筑中贯穿绿色智能化建筑这一个理念。通过以智能化技术为支撑点，运用新的安全系统，智能化系统以及自动化系统，使人们的居住和工作环境更加舒适和高效。只有人与建筑环境系统相互协调，才有利于城市的可持续发展。

二、建筑智能化与绿色建筑的具体内容

（一）网络通信与多媒体技术

无线通信技术和多媒体技术使数据、语音、图片等信息的传递更加高效，网络通过物理线路让人们在使用资源的时候能够实现资源共享并能够互相交流信息。通信的具体定义是人们借助和利用不同的信息媒介表达传送信息，在现代社会的发展过程中，电脑和手机都可以联网，联网后可以借助不同的软件向不同的对象传送信息，这正是通信技术在日常生活中的应用。多媒体技术是指运用计算机技术数字化图像、文字等信息，例如制作动画时利用的是图片合成技术，也是声音、文字以及影像的结合。将这些元素整合在一个可以互相传播的界面上，如计算机，这样计算机就成了一个可以展示不同信息媒体的工具。人们获取信息的方式与传统的文字书写、寄信的方式有所区别，这正是信息时代人们在获取信息方面的巨大转变。多媒体技术的这些优点，使其在信息管理、学校教育、建筑技术甚至家庭生活与娱乐方式等方面得到普及和应用。

网络通信技术在建筑技术方面的使用正是智能化建筑理念的体现，而多媒体技术可以使人在建筑中的居住和办公更加舒适、便捷、高效。

（二）IC卡与系统集成技术

在日常工作中，上班族们已不再使用纸片打卡，而是改成了IC打卡。人们消费时，不再使用纸币付款，而是改成了刷卡支付，或者说变成了支付宝或者微信支付。这都是人们生活中普遍使用的智能化技术的现实案例。一卡通取代了传统的纸笔记录方式，在全国范围内普及使用IC卡技术，可以节省大量的纸张，同时保护大量的森林资源。这正是绿色环保的理念。

新的信息管理系统可以集合现有的信息，让人们更加高效地管理和分享信息，进而全面、综合化管理各类资源。办公人员在管理信息的时候能够借助系统，使用视频、网络等工具实现对系统的高效管理。同时，警察在办案的时候能够实现信息交流，使信息在全国范围内快速流通，促使多地警方互相协助，便于罪犯的抓捕。

三、绿色智能化建筑体系的结构

（一）艺术与建筑的相互结合

美的建筑，能够给人们带来美的体验，从而使人身心愉悦。所谓美观，说的只是建筑的外表。艺术建筑具有抽象性，建筑能够反映一些社会生活，但它是很普通的，不可能像别的意识形态一样有悲剧式、颓废式、喜剧式、漫画式。它总是平平常常，不会有过分激烈的情感，但是它就在那里，潜移默化地给人一种美的体验。比如长城，在现代是世界性遗产，是中华民族的骄傲，但是在古代，它是长期战争的产物，是一个工具。由此可以说，建筑具有某种象征性。

（二）绿色设计理念与建筑的融合

在建筑的内部和外部同时落实绿色化的理念。土地的利用应具有计划性，不能无节制地利用，因为土地资源是不可再生的，一旦被使用为建筑用地，若是需要再次使用，只能摧毁原有的建筑，在原有地基的基础上使用。所以在开发新土地时，一定要计划使用。在建筑中要做到少用或杜绝使用对人体有害的物质材料。在室内多使用天然植物、绿色植物和鲜花等，在增加美观的同时还可以调节室内湿度，因为绿色建筑的呼吸作用能够过滤室内气体。

目前，全球气候变暖，海平面不断升高，全球现有陆地面积也在不断减少。在这种情况下，更要节省土地资源，人们总是误以为现代化建筑很贵，只有高消费人群才可以负担。其实不然，只是现在的楼盘销售利用绿色建筑为亮点，将建筑的售价提高，使人们形成一个错误的观念——绿色建筑就是高档建筑。其实，绿色建筑是一个广泛的概念，并不意味高档和昂贵。

四、绿色智能化建筑落实的核心

（一）绿色建筑智能化设计和施工是落实过程中的核心

设计智能化管理系统，在用电用水方面可以统计各种数据并分析各种数据。例如，现有的技术可以根据用水量的多少制定不同的水价，达到潜在提醒人们节约用水的目的。在光源的利用方面，室内建造应进行智能化设计，尽可能利用天然光源，这样就可以减少电源的能耗。用节能的设备代替高耗能的设备，设计利用相应的设备将太阳能转换为其他形式的能量从而可以更加高效地使用,以便于在家家户户推广应用。在风大的地区可以利用风能发电,而在河流多的地方可以进行水利发电。总之,利用可再生资源实现资源的转化利用。

火灾自动报警系统和视频监控系统在遇到危害社会安全的突发事件时,能够快速疏散人群,同时尽最大可能保障建筑内人员的生命财产安全。

(二)高效运营管理的要点

运营管理中的资源管理主要是节能节水的管理,实现每家每户分类统计自来水、废水,合理地制定收费标准。绿化方面的运营主要是协助物业的管理,使物业能够检测环境和小区内的各个角落,当发现异常时,能够及时采取相应的应对策略,同时使居民生活在一个美观、和谐、自然与城市和谐发展的生态系统之中。综上所述,运营和管理的要点有绿化、网络、材料、资源、废物等方面的综合管理。

人们对生活质量的要求越来越高,建筑应融入绿色化与智能化的建筑理念,同时节能环保,给大众全新的居住和生活体验。

第三节　建筑智能化存在的问题及解决方法

随着科技的不断进步,人们的生活水平也逐步提高,信息和智能化技术的应用,可以大幅度地提高建筑物的使用效率和舒适度。设计建设出具有智能化功能的符合当今这个时代的建筑,是建筑行业的一个新课题。目前,我国建筑的智能化设计及建造还存在诸多问题,需要不断完善。

一、建筑智能化技术应用中存在的问题

随着建筑行业的迅猛发展,智能化技术得到广泛应用,但随之也出现了一系列问题。如智能化整体水平较低、自动化缺乏创新、相关人才的缺失及设计中缺乏相关技术的应用与落实。

(一)智能化整体水平较低

与其他科技强国相比,我国信息化技术起步比较晚,所以建筑设计的智能化发展较为缓慢。目前,我国在智能化技术积累及人才培养方面较为欠缺,在施工和设计中的

经验较少，无法将信息化技术合理地运用到建筑设计中。因此，建筑智能化整体水平较低。

（二）自动化技术缺乏创新

任何技术都需要通过不断的创新和优化实现技术迭代。我国建筑智能化技术起步较晚，主要借鉴国外成熟技术，自主创新较少，但我国的国情与其他国家有所不同，部分技术在实际应用中会出现水土不服的问题，因此，需要进行不断开发适合我国国情的信息自动化技术。自动化是智能化的一种表现形式。只有将自动化创新达到较高的水准和要求，才能够促进智能化发展。

（三）缺乏高水平的专业技术

虽然智能化技术已经在我国工程建筑领域中得到了广泛应用，但是人们并没有全面掌握智能化技术的实践经验和理论知识，在核心技术方面，还要借鉴和引进国外的先进技术。另外，我国建筑智能化施工水平不高的主要原因是比较缺乏成熟的施工计划方案，没有制订完善的施工管理机制，无法充分利用建筑智能化技术的优势。而建筑智能化工程涉及的技术层面较为广泛，建筑施工人员的知识水平达不到建筑智能化工程的要求，严重影响建筑智能化工程的顺利开展。

二、建筑智能化中相关问题的改进方案

目前，对于建筑智能化相关问题的改进方案主要有：普及智能化应用、敢于进行创新、重视相关人才的培养及重视智能化技术的全面落实。

（一）在新建筑设计中普及智能化应用

智能化系统的发展离不开长期的应用和实践，人们应该在新的建筑物中，推广相关技术的应用，为后面的发展积累数据和经验，促进智能化技术应用的普及和发展，逐步推进我国智能化建筑施工的应用。

（二）要敢于进行创新

我国智能建筑行业整体发展起步较晚，在技术方面落后于国外发达国家，但是也有相应的后发优势。可以根据我国的国情和建筑设计的特点，有针对性地开发一些具有中国特色的智能化系统，实现对于智能化技术的创新，提高用户的感知度和接受度。

（三）重视相关人才的培养

智能化技术的发展需要专业技术人才的支持，因此，应该格外重视对专业人才的培养。尤其要培养具有信息化技术和建筑专业的人才，保证智能化建筑既能符合建筑物本身的要求和规范，又具有智能化的特点。要重视提高基层施工人员的素养，确保设计方案能够落到实处。

（四）重视智能化技术的全面落实

当前智能技术在建筑业已经得到全面的发展，如现场施工中智能建筑系统涉及智能消防、建筑节能等方面。在未来发展中，人们还应该强化智能技术在建筑体系中的应用，可通过科学的设计提高建筑物的智能水平。

三、建筑智能化的具体应用场景

（一）出入控制系统智能化改进

建筑物出入控制系统设计是非常基础的设计，可以对其进行智能化升级。现在的出入控制系统是通过控制器、读卡器、出入按钮设施进行人员进出的管理，可以对其进行智能化改造及升级，如通过人脸识别系统、指纹系统来确定进出人员的身份，将相关数据传输到网络中心进行存档并且能对可疑人员进行有效识别，进而提高整个建筑的安全水平。

（二）建筑照明系统的智能化改进

照明用电的能耗是建筑能耗的主体，可以通过智能化技术对整个建筑物的照明系统进行智能调节，以降低整个建筑物的能源消耗。可以通过磁力调节和电子感应技术，对建筑物内居民的用电情况进行监测。然后根据室内人员的具体活动情况，对相应区域进行合理优化，有利于延长设备寿命，实现有效节能。

（三）在建筑节能方面的智能化改进

除了本文提到的照明系统，水循环系统、建筑物通风系统、建筑物内的电梯等各种系统都可以通过智能化改造来加强其使用效率，通过对使用者的监控来实现合理的资源分配，从而达到降低整个建筑物能耗的目的。

信息化和智能化技术的发展推动了我国建筑智能化的进程，但与发达国家相比，还存在一定的差距。正是因为存在差距，我国的智能化建筑拥有更大的发展空间。因此，应该格外重视智能技术的应用，注重相关人才的培养，促使智能化技术能够在建筑行业中发挥其应有的作用，提高建筑物的安全性、舒适性和环保性，以促进我国建筑行业的可持续发展。

第四节　谈建筑智能化之路

目前，很多产品都被贯以"智能"的称号，但在笔者看来，大多数所谓的"智能"产品并不是真正意义上的智能。其实，自然界中有很多智能的现象，宇宙中的天体效应、地球的重力感应、磁石的磁铁感应等等，这些都是最原始也是最具前景的自然界智能现象。从一定意义上来说，笔者认为建筑智能化不一定要全部押注在信息化和物联网化等设备管理上。

一、传统建筑的智能措施

中国建筑史源远流长，传统建筑中也有很多有价值的智能措施。古代建城造园，从单体选型到群落组合及门窗开向、屋面选色等都直接影响着建筑的主动节能。回归其本质，建筑智能化的目的是为人类提供更舒适、更健康的人性化生活及生产空间。结合传统四合院，从宏观上来讲，整个院落都依山傍水，其间种植花草树木，不仅增加了空气温度、湿度，还增添了不少乐趣。而单体建设遵循坐北朝南的原则，这种做法争取了更多的日照，采用深色瓦屋面更能吸收辐射热，而顺应主导风向开窗则增加了室内通风，同时也避开了冬季主导寒流。竣工后在梁柱间施以红蓝相间的彩绘，不仅增加了文化氛围，更给业主带来了愉悦的心理感受。这些就是建筑用语言所阐述的以人为本、住户至上的原生智能。如今，我们采用了诸多科技手段，如增加中央空调、恒温加湿、暖气、背景音乐等，同样是为了居住得更加舒适。古人面向赤道建房采暖，利用万有引力组织雨流，利用地热资源治疗疾病，利用建筑美感净化心灵，这些都是无形中的智能，也是最原始、最有研究价值和前景的智能化，是建筑智能化利用的初级阶段。

二、现代建筑对智能的发展利用

在欧美，智能化建筑自21世纪以来得到了快速发展，已经形成了一个独立的行业。而当代都市化、城镇化之路更是将人和建筑都塞进了拥挤的城市空间，从上级建设主管机关开始，具体到各地建设公司包括从业负责人，一致认定在当代建筑设计中，智能化系统在建筑中的应用是大势所趋。目前，最全面的智能化建筑的基本要求是：应该具有完整的控制、管理、维护和通信设施，以便安全管理、环境控制、监视报警。总而言之，智能化建筑应实现设备方面自动化，通信方面高性能化，建筑本身柔性化。由于采用了服务化的管理，智能建筑已经可提供优越的生存条件和较高效的工作效率。空调恒温和标准照度加上绿色清静的人造环境让人感到舒适。总结起来，和普通的传统建筑相比，智能化建筑具备了以下 3 个特性。

（1）具备良好的接收和反应信息的能力，能够提高人们的工效。

（2）能够提高建筑本身的安全舒适和便捷性，节能效果良好。

（3）各类设备的有效控制，提高环境舒适性的同时，节能效果也很明显，可达15%~20%；一方面可以降低机电设备的成本，另一方面则因为系统使用了高度集成，所以，操作和管理也高度集中，进而人工成本也能降到最低。

令人遗憾的是，目前国内 95% 的建筑都是高效能建筑，这些矗立在"水泥森林"中的大型建筑，每年都在消耗大量的能源。由此可见，粗放式能源管理的方式已经不能适应低碳社会的发展要求了。

但是建筑受到配套设备方面的限制，不足以实现真正的智能化。对此，笔者认为可以从建筑本身和配套设备的 4 个方面进行深化。

（1）建筑自身结构要符合智能化。譬如小开间设计，可分可并。而楼板跨度设计也必须是开放的大跨度建筑结构，这样就可以允许业主迅速方便地改变其使用功能，或者根据需要临时布置平面布局。比如将开间设计为活动式的隔断，甚至楼板也能活动，可以将大空间分为小工位的隔间，每个工位处的楼板由简单的小块板拼成。这样，开间和隔墙的布置就可以随着需要灵活变更。

（2）综合布线也应作变跳考虑，即可快速改变插座功能。通信与电力的供应设计也应该有很大的灵活性，这样，通过结构化的综合布线系统，就可以在室内分布多种标准的弱电与强电插座，紧急时只需改变接线，就能改变插座的功能。远程控制电话接口也能变为通信接口。

（3）智能化最重要的是要确保使用者的安全和健康，因此防火与保安系统等的智能化是首先要考虑的问题。在遇到火灾和非法入侵等情况时，智能化系统应及时发出警报，并采取有效措施及时制止事态的进一步发展。未来，将在空调系统中装设能监测出空气中有害污染物含量的设备，并自动启动消毒功能，使建筑成为"安全健康大厦"。与此同时，智能对于温度湿度以及照度均应自动调节、控制噪声，从而使人心情舒畅，提高生活品质。

（4）通过利用远程通信系统，使办公自动化系统从信息孤立的建筑物变成广域网的一个接点。远近通信配合，使用户通过身边的电话机就可以控制给定值的变更，以及测试值的确认、运行状态的通知等，从而使接在办公自动化区域网络上的个人计算机、工作站获得建筑物管理信息，使预约管理系统与空调运行结合起来实现联动，甚至还可以使建筑物的管理系统收集到与办公自动化相匹配的财务管理。

三、未来建筑的智能方向

智能化建筑正在随着科学技术的进步而逐渐发展和充实。计算机的数字通信技术和图形显示技术的进步，正在推动着建筑在智能化方面飞速发展。或许可以推测出在不远的未来，智能化主要依托4个方面来逐步实现。

（1）预测灾害及高效利用建筑面积。建筑基础底面可装设特定仪器设备，感知未来几天或者几百里外的地震信息，主要是和天气预测及地震预测信息发部部门端口相对接，在基础上装设可移动支座，在灾害来临时允许有适当位移从而保证建筑不至于倒塌，这类技术在日本已有初步研究。室内设计为可移动式墙体，通过运动感应来调节两个空间的大小以适应因面积过小而影响使用的空间，墙面设计为嵌入式家电及吊顶的可变换使用等。

（2）主动节约能源。弱电感应、节水、节电等传统手段应越来越成熟，建筑从现在的被动式节能逐渐走向主动式节能。比如在水龙头内安装高灵敏度的传感器，在电价分时收费的地区安装特斯拉电池组一类的自动低价时段蓄能设施，高度整合高效能的温控、资源管理系统；将建筑材料根据季节变换自动调节导热、色差及太阳能和风能的转换技术应用到民用建筑中，等等。

（3）建筑的自我学习。建筑内的设备应有记忆功能，记录住户的生活习惯数据。通过记忆，调整资源分配或信道开关，以减少等待时间，提升居住体验等。建筑还可通过人物活动习惯（如顺序先后）及生理特征进行识别，发现是盗窃等事件时，快速通过互联信息告知主人或物管公司等。

（4）主动减低噪声及建筑美感带来的心情愉悦。城市噪声一直是市民最烦恼的问题，是促使人患上神经类疾病的源头之一。因此，像蝙蝠的超声波那样，对噪声进行吸收及反射，从而创造出一个宁静祥和的居住空间是值得探讨的。建筑美虽然看起来和智能化毫不相干，但人类属于情感动物，外在视觉的感触是影响内在情绪的主要原因，有的场面会给人带来震撼，有的场面会给人带来哀伤，有的色彩给人兴奋，也有的色彩给人和谐。

人类文明和科技与时俱进，建筑智能化在未来会大有可观而且是必然趋势。在自然极端环境越来越频发的未来，洪水、火灾不再威胁人类，地震、风雪不再摧残我们的家园。取而代之的是更灵敏的传感器、更大范围的动作端、更高效的资源调控机制，更多地顺应自然、适应自然。相信建筑会真正走向智能化，人与建筑在不远的未来将与人类和谐共生。

第五节　建筑智能化与建筑节能

在社会快速发展期间，对于建筑的需求也在不断提高。智能技术的快速发展，出现了一大批智能建筑。国家及地区政府部门对于智能建筑的关注度不断提升，并且结合实际发展需求，制定满足建筑发展的政策法规。智能建筑发展期间，也存在较多问题，因此必须提出相应措施解决现存问题，希望对相关人员具有参考性价值。

智能建筑是随着信息技术与科技技术发展，衍生的新型技术。相比于传统建筑来说，智能建筑具备多种优势特点。按照当前学者的研究报道，建筑节能技术的应用效果已经成为热点研究话题，并且提出了相应的技术要求，希望能够全面应用建筑节能技术，全面满足人们对于现代化建筑的需求。

一、建筑智能化与建筑节能的现状分析

我国建筑行业发展迅猛，在城市化发展的过程中，突出了建筑行业的发展地位，然而由于能源消耗问题日益严峻，导致建筑工程能源消耗问题也比较严重。在建筑行业发展期间，能源节约已经成为重要课题。从相关学者的统计数据中可以看出，建筑行业的人员消耗占据社会总消耗量的30%，并且没有充分发挥出人员的实际作用，从而导致能源资源浪费情况比较严重，导致该种现象的原因主要包括以下两点。第一，在建筑智能化发展过程中，工程人员的思想观念比较落后，所采用的施工技术也不先进，在具体施工建设期间也没有做好监督与管理工作，从而导致能源资源浪费问题日益严重。第二，通过分析建筑行业发展现状能够看出，多数建筑人员缺乏节能意识，在施工建设期间，会由于追赶施工工期，而不注重绿色节能问题，从而导致资源浪费率提升。

二、建筑智能化与建筑节能的特点分析

通过分析和研究建筑智能技术与建筑节能可以看出，其所具备的特点主要包括以下三个方面。第一，高度结合的系统。智能化建筑中，可以采用计算机网络技术，优化集合不同子系统的功能信息，将其纳入到统一关联系统中，以此来满足人们对于智能建筑的需求，并且展现出传统建筑与智能建筑之间的区别。第二，节能减排效应。相比于传统建筑来说，智能建筑主要通过自然风和自然光，对建筑室内光线和温度进行调节，以此来满足人们对于建筑光线与温度的需求，实现节能减排效果。第三，降低维修系统成本。通过相关学者的研究能够看出，建筑在运营维护阶段，所需要花费的成本明显高于建筑施工阶段。对于智能建筑来说，智能技术多应用自然风与太阳光实现暖通效果，有助于降低建设成本，且应用智能建筑技术后，还能够降低环境污染程度。

三、智能化技术在建筑节能中的应用

（一）建筑自动化控制应用

目前，电气工程施工建设已经成为建筑工程的重要环节。传统建筑施工方案中，比较关注工程主体施工，忽略了电气工程施工的重要性。自动化控制涉及较多控制内容，其中以神经网络控制为主。该控制方式能够多次反复学习运算，通过子系统，可以对转子速度和其他参数进行调节。神经网络控制也应用到信号处理中，部分控制设备可以代替 PID 控制器，实现相互协作方式。

（二）在建筑电气故障中的应用

当前所应用的智能化技术，能够有效作用于突发情况处理中。不管是运行流程，还是操作方式，都可以为电气设备提供参考价值，通过这样来找寻出最佳处理措施。在电网系统现代化发展过程中，对于电气工程故障诊断的要求也不断提高，如果不能在短时间内寻找出问题根源，将会导致后续应用存在较多问题。目前，人工智能已经被作为故障诊断方法，并且联合 ANN、ES 技术，按照长期经验总结，可以将理论知识更好地应用到实践中。

（三）电气优化设计中的应用

建筑电气自动化与管理应用实践中，涉及设计工序，整个设计过程的复杂性比较高。设计人员应当具备扎实的电气知识和磁力知识，在具体应用期间，通过知识技能可以不

断提升运行效益。基于智能化模式，设计建筑电气工程时，应当结合专业理论知识并积累经验，对设计内容和方法进行优化。在智能化技术支持下，通过计算机辅助软件能够明显缩短设计时间，确保设计方案的科学性和合理性。

（四）火灾报警系统

现阶段，大部分智能建筑的楼层比较高，且依赖于电子设备运行。电子设备运行期间会产生大量热源，再加上不同设备的信号干扰问题，极易引发火灾，安全隐患比较大。鉴于此，在施工建设期间，应当安装火灾报警系统，并且联合灭火系统、火灾监测系统、自动报警系统，建立一体化安防体系。与此同时，工程人员应当严格控制工程质量，能够在火灾隐患发生时及时做出相关安全警示，以降低故障安全隐患的影响程度。

（五）智能照明系统

照明系统控制具备自动化特点，遥控开关能够对照明灯具的亮度进行自动调节。在大空间顶部安装接收器，利用遥控器能够对照明系统进行控制。照明系统的控制设备还包含开关灯同步门锁功能和红外传感器功能。多数建筑照明系统都采用人工照明方式，并且包含建筑自动喷淋系统，回、送风口，烟雾探测器等。基于电子控制的照明系统已经被广泛应用到智能建筑之中，非中心化照明系统的应用更是实现了绿色环保要求。

（六）能耗计量

在建筑智能化的发展过程中，研发出了建筑能耗计量系统，能够对建筑内安装分类与分项能耗进行计量，采集建筑能耗数据，在线监测建筑能耗，并且实现实时动态分析。分类能耗是按照建筑能源种类所划分的能耗数据，包括电、气、水数据等，所应用的分类能耗计量装置为热量表、燃气表、水表以及电表等，分项能耗是按照不同能源的用途划分、采集和整理能耗数据的，包括空调能耗、照明能耗、动力能耗以及特殊能耗等。

四、建筑智能化技术与建筑节能的发展措施

（一）提升资金投入力度

建筑智能化发展期间，企业会受到资金限制，影响建筑智能化技术和建筑节能的发展。因此，对于智能建筑节能技术发展实际，国家和政府应当制定满足建筑行业发展的

制度规范，提供合理有效的发展环境。建筑施工企业应当在现代发展趋势下，响应国家号召，注重智能化技术与节能技术的投入，并且注重新技术的研发。此外，在施工建设期间，还应当寻找科学的管理措施，在具体施工中应用智能化技术，不断提升企业的市场竞争实力，有助于促进企业实现可持续发展。

（二）注重节能环保理念宣传

对于施工企业来说，既要提升建筑智能技术与节能技术的资金投入力度，还要宣传节能意识，确保所有工程人员都能够具备节能思想，将其落实到具体施工中。只有确保员工内心具备节能环保意识，才可以具体到实际建设行为中。

（三）推广应用新能源

各行业领域在发展期间，都会消耗能源和资源。由于建筑行业是能源消耗比较多的行业，且可以应用的能源比较单一，因此对于建筑行业来说，应当满足时代发展要求，科学合理地应用新能源。这样既可以降低能源与资源消耗，还能够完成项目施工对于节能技术的需求。在北方地区供暖季节中，可以降低煤炭资源的消耗量，多使用地热能源，吸收土壤能源，将其转化为热能。这样即可以降低能源消耗，还不会对环境造成污染影响。地热能源是可再生资源，能够多次反复应用。

（四）推广应用环保材料

相比于传统建筑来说，智能建筑在施工建设期间能够减少建筑材料的使用量，降低能源与资源消耗。由于能源问题已经成为社会发展的重要问题，施工企业必须将现代节能技术应用到具体施工中。通过应用新型环保型材料，可以将传统施工技术逐步转化为智能技术，这样可以促进建筑智能化发展。比如在具体施工时，可以利用外墙保温苯板，其不仅具备良好的抗压性和耐冲击性，而且保温效果良好，因此被广泛应用到智能建筑施工中。

以上，我们通过分析建筑智能化与建筑节能，针对技术能力问题、设备使用问题以及管理水平问题，提出相应的解决措施，包括提升资金投入力度、注重节能环保理念宣传、推广应用新能源以及推广应用环保材料，旨在提升建筑智能化与节能化水平，促进整个建筑行业的长久稳定发展。

第六节 建筑智能化系统的结构和集成

随着生产力的快速发展，我国国民经济发展速度逐渐加快，建筑行业朝着更加智能化和科技化的方向发展。21世纪，智能化的建筑系统是现代信息社会发展的必然趋势。建筑智能化不仅可以提高社会生产力，而且可以改变人们的生活方式。因此，智能化的建筑对传统建筑的发展提出了更高的要求。本节将在此基础上全面分析我国智能化建筑的结构和集成系统，希望可以促进我国现代建筑行业的良好发展。

随着信息时代的全面到来，现代信息技术逐渐融入建筑当中，智能建筑是未来发展的必然趋势。在新时代的经济发展中，社会整体朝着更加信息化、智能化的方向发展。其中，智能化的主旨是向人类提供更加人性化的服务，最大限度地利用社会资源。建筑智能化系统是通过一种集成的方式，将各个子系统在总系统的支配下统一协调地开展工作；在同一个目标中，又把各个子系统利用一定的方式和技术有机地联系起来。在此过程中，信息媒介发挥着重要的作用，整个系统的集成和其他工作的开展都是通过计算机网络进行的。我国科学技术的进步，对建设智能化的系统给予了巨大的支持。智能化建筑的出现，在很大程度上改变了以往的居住方式，为人类带来了新的体验和感受，让居民的生活更加舒适。

一、建筑智能化系统的结构

（一）办公自动化系统

办公自动化管理系统是我国建筑智能化系统的重要组成部分，主要包括卫星设备、有线电视设备、预备预警装置和广播系统等，属于建筑内外联系的智能系统。办公自动化系统的核心目的是让企业内部的工作人员方便沟通和交流，有效地进行信息共享，高效率地办公。办公系统自动化主要包括3种形式：管理型、决策型和办公事物型。不同的服务系统满足在企业中的不同需求，提供人性化的服务，更能彰显智能化建筑的魅力。

（二）楼宇自动化系统

在智能化建筑系统中，楼宇自动化系统的主要功能是自动监控。当前，在各个建筑行业中基本上都设有监控系统，主要是为了保障居住人员的人身安全以及财务安全，监控的普及是智能化建筑的重要部分之一。一是可以实现对较大建筑内各类机电设备的管理和控制；二是通过对外界环境的变化的感知，可以实现自动对设备的调节，使其在运行的过程中具备较好的工作状态。

（三）消防自动化系统

消防自动化系统可以及时预警建筑中发生的火灾事故，是在防火灾的基础原理上建立起来的。实践证明，消防自动化系统可以及时发现烟雾和火灾等实施自动化报警。为了防止火灾等其他危害的发生，在建筑建设的过程中会设有警报系统，进一步提高建筑的安全性。除此之外，在安全防范系统中安装入侵警报系统、视频监控、出入口监控、地下车库管理等，主要目的是减少刑事犯罪等的发生。

（四）安保自动化系统

安保自动化系统主要包括以下几项。一是防盗警报系统，在建筑内设置探测器系统，当有入侵行为发生时发出警报，并和照明同步进行。二是可燃气体警报系统，可以实现对有害气体，如煤气等漏气现象进行检测。三是电子巡逻报警系统，主要使用的是红外线入侵设备和地音探测设备等。四是门禁控制系统，最新的门禁系统主要有刷卡进门、手动按钮开门等。

二、建筑智能化系统集成

（一）系统集成的内容

在相关规定中清晰明确地指出，智能化建筑系统集成的定义是指在智能化的建筑中，把具有不同功能的各个子系统通过一定的技术和手段，在物理上、逻辑上、功能上链接起来，从而实现资源和信息的共享。在智能化建筑系统集成中，使用最具有优化意义的统筹设计给用户带来更人性化的服务和使用环境。为用户提供更完整的智能化服务系统，满足广大用户的各项需求，最大限度地提高系统集成后各项功能的附加值，为用户带来不一样的科技体验。

（二）系统集成的主要特点

（1）整体性和多样性。在智能化的建筑中，系统集成包括智能化系统中的各个子系统：办公智能化、通信自动化、楼房控制自动化、消防警报、监控、通信设备等系统。系统的集成不是这些部分的简单堆积和累加，而是运用技术科学合理地进行集成和累加，因此，要格外重视技术的运用。智能化建筑系统集成的整体性主要体现在对整个系统中子系统间的信息传递、共享和管理层面的支持，从而使各个子系统可以最大限度满足智能化建筑中的各项要求。

（2）安全可靠性和管理智能化。智能化建筑存在的根本目的是为了维护建筑的安全与稳定。智能建筑要想稳定运行应当建立在系统集成的基础上，促进共享信息的安全性。同时，建筑系统集成具备智能化管理的特点，其实建筑系统集成就是一种网络的智能化。在实际运行中，智能化网络同样是建立在工业标准之上的智能化的集成系统，可以在一定程度上保障资源在整个智能系统中的共享，从而加强对现代建筑的管理。

（3）适应性和扩展性。建筑智能化系统需要不断地更新和升级，以此来保障建筑系统的稳定运营。因此，系统的集成必须具备较强的扩展能力，以满足系统的升级和更新。这主要是指在对系统端部的数量、网络宽带和类型、延时等要求增强的同时，还需要在现有的系统设置中增加新的设置，并且革新技术水平，改善硬件的环境。在这个环节中要注意在不改变用户软件的基础上与原设备进行链接。

三、建筑智能化系统集成的实现

（一）设备集成

在建筑智能化系统中，设备集成主要是在用户要求的基础上，对各种各样的产品进行具体的使用。比如，在组建安保系统时，可以挑选一些厂家，分别购买一些探测器、摄像头、主机、监视显示屏等设备，再组装到一起。

（二）技术集成

技术集成主要是指在系统集成的过程中，使用当下最先进的信息技术以及手段，达到系统集成的动能要求，与此同时，也可以在一定程度上满足建筑行业的要求。一些厂家为了保证在市场中的地位并扩大市场占有额度，需要对所使用的技术进行创新，对设备进行更新换代。但是，大部分的厂商只是在局部进行创新，更多的是保护他们所使用的已有技术。一方面，这些厂商希望在市场中占据领先的位置；另一方面，为了迎合用户的需要，重视对技术的升级和扩展。

（三）功能集成

功能集成是以用户实际应用和发展需求为出发点，站在功能的层面上进行科学合理的调配，使其可以有效发挥其功能价值和作用，使智能化建筑系统的功能发挥到最大。功能集成不是要突出使用了多少先进的技术和设置，重点是要彰显在整个系统运作中，是以何种状态和功能展开的运行。因此，在功能集成上，要考虑得更加全面，确保在达到功能的标准下，实现低造价，追求对用户投资的保护。

综上所述，在新时代和经济全球化的背景下，随着我国经济的迅速发展，建筑规模逐渐扩大，人们愈加重视居住的环境和质量。智能化建筑在全世界得到了较快地推动和建设，尤其是一些西方发达国家，更加重视建筑行业智能化的发展。对于建筑智能化系统需要的技术，相关人员必须对此有深刻的理解，充分掌握其核心的技术，促进建筑智能化系统的快速发展，不断提高人们居住的舒适性、安全性。

第七节　建筑智能化弱电的系统管理

在科技越来越发达的今天，智能化高科技频出新高，甚至慢慢地融入到建筑行业。当下，建筑智能化已经逐渐被人们所了解与认知，建筑行业的标准已经不再是当初那样，只依靠机械的操作与简单的人力、物力的投入就能达到，建筑智能化正在逐步取代传统的建筑手段。在建筑手段更替的过程中，建筑智能化的弱电施工管理已然成为典型代表之一。弱电施工管理的发展，极有可能会影响未来建筑业的发展方向。

一、建筑智能化弱电施工管理的目标分析

关于建筑电气施工质量的控制，对于建筑的单位而言，起着决定性作用的就是弱电施工管理的目标设定。目标的设定对于任何事件的完成都是极其重要的，万事开头难。因此，在建筑电气工程中，工作人员应当将建筑智能化弱电有效应用到建筑当中，并在此基础上，通过分析电气电力的工作方式，促进电力电气，以及建筑行业整体水平的不断提升、完善。

二、建筑智能化弱电施工设计

（一）注重设计结构

硬性施工设计的一大重要因素就是结构设计。通常来说，由于技术、经济、时间等因素，会影响到智能化系统工程。所以按照严格的要求来说，在施工过程中，工作人员

被要求充分考虑各种因素可能会对施工效果产生的影响。对于各个方面的影响因素要进行合理分配，并且综合考虑其使用功能、管理工作和经营要求，从而有效提升建筑设计系统集成程度。

（二）先进技术的应用

先进技术的有效应用，能够明显提高建筑智能化弱电施工的结果，所以在建筑智能工程设计过程中，应该选择能够熟练掌握与运用先进的智能化技术、产业技术、IT技术的人才，在此基础上才能持续提升施工设计的水平。除此之外，由于只能一次成功的特性，智能建筑施工设计工程的场地不可以多次发生变动、校正更新；此外，由于受工程周期和进度的限制，建筑智能化弱电施工约束则更为明显。为了避免这一系列问题，最好的办法就是选择高端的技术设备，辅助施工顺利进行。

（三）设备的合理选择

任何工作的顺利进行，都离不开一个良好的应用设备，弱电施工也不例外。众所周知，任何设备都有其自身的特性，并且相同的设备在不同的施工中也会起到不同的作用，因此设备的选择非常具有技巧性与原则性。对设备的选择，在很大程度上会影响以后的施工效果，因此对于设备的选择要极其认真，以保证后续的施工效率与质量。

（四）弱电线路的合理设计

为了能够有效提升建筑智能化弱电施工设计的可靠性，当前需要做的就是对弱电线路进行更加合理的设计。环形总线接法是较为可靠的连接方式之一，适当增加回路是这一方法应用的主要效果。通过这一效果，能够对单回路设备接入数量进行良好的控制。产品质量和现场因素对于弱电施工过程具有较大影响，这是工作人员在施工规程中应当注意的问题。除此之外，在弱电线路的设计过程中，不仅要对各个线路进行清楚的掌控，还要对实际的线路铺设有较为深刻的理解，这就要求工作人员能够将理论与实践完美结合，不能只是纸上谈兵。

（五）技术性要求

目前，建筑智能化的发展已取得了很多成果，随着智能化建筑需求的提高，智能化建筑必须提高技术水平，运用建筑智能化高新技术，探寻人们生存、生产和环境间的可持续发展模式，打造更好的产品。当前智能化建筑利用的技术是建筑技术、计算机技术、网络通信技术和自动化技术的结合。现在的信息网络技术、控制网络技术、智能卡技术、可视化技术、家庭智能化技术、无线局域网技术、数据卫星通信技术、双向电视传输技术等，都将被更加深入广泛地发展应用。但是，智能化技术只是手段，可持续发展技术才是智能建筑技术发展的长远方向。所以，除了继续利用上述现有智能化高技术，一些新兴的环保生态学、生物工程学、生物电子学、生物气候学、新材料学等技术，也在向建筑智能化技术领域渗透，从而保证可持续发展智能建筑技术的运用。

三、建筑智能化弱电施工管理的重难点分析

（一）弱电综合布线系统管理

做好弱电综合布线系统，就是做好建筑智能化弱电施工的一个重要环节。模块化结构在智能建筑工程中，可以说应用得相当普遍。模拟输入模块（AI）、数字输入模块（DI）、高保安输入模块（LSSI）、模拟输出模块（AO）、数字输出模块（DO）都是建筑智能化弱电施工管理应用较多的模块。而且在施工过程中，要对各个模块的工作程序有良好的了解并且清楚各个模块之间的配合情况。所以在此基础上，对整个工程进行宏观的调控，从而增加工程的效率与线路布局的整体性。

（二）弱电安全施工管理

报警系统常采用的结构设计是报警系统总线控制法。这些报警系统的安装与设置通常会被放置在消防中心或者防控中心，以增加安全程度，一旦有突发危险，消防中心可以及时清楚险情，以便救援工作的展开。一旦建筑物中有危险发生，计算机的显示屏便可以清楚地显示，与此同时发出报警的声音和特殊光亮。消防人员可以通过本系统清楚地知道危险发生地，以及当时的情况等信息，为救援工作提供了极大便利。同时，电子地图也在本系统中得到广泛应用，可以据此来进行操作，利用管理软件发出警报。这样一来，即便出现重大险情，工作人员也可以通过本系统提供的特殊便利，通过各种有效信息在第一时间对险情做出控制行动，出动人员针对险情的主要原因进行排除与清理，极大地减少了救援成本与建筑内的资源所造成的损失。

建筑智能化弱电施工是智能化建筑施工的代表者，也是电气施工的一大创新。智能化是未来建筑行业发展的一个大趋势，而弱电施工正是电气发展的一个趋势。发展好建筑智能化弱电施工，将会极大程度地提高我国建筑以及电气行业的发展。未来，我国的电气行业定能够在探索中成长，在成长中再创新高。

第四章 建筑工程施工技术实践应用研究

第一节 建筑智能化中 BIM 技术的应用

BIM 利用信息化的手段围绕建筑工程构建结构模型，缓解建筑结构的设计压力。现阶段，在建筑智能化的发展过程中，BIM 技术得到了充分的应用。BIM 技术为智能建筑提供了优质的建筑信息模型，优化了建筑工程的智能化建设。本节将主要分析 BIM 技术在建筑智能化中的相关应用。

目前，智能建筑成为建筑行业的主流趋势，为了提高建筑智能化的水平，我们在智能建筑施工中引入了 BIM 技术。利用 BIM 技术的信息化完善建筑智能化的施工环境。BIM 技术可以根据建筑智能化的要求实行信息化模型的控制，在模型中调整建筑智能化的建设方法，促使建筑智能化施工方案能够符合实际情况的需求。

一、建筑智能化中 BIM 技术特征

建筑智能化中 BIM 技术有以下 3 个特征。

（1）可视化特征，BIM 构成的建筑信息模型在建筑智能化中具有可视化的表现，围绕建筑模拟了三维立体图形，促使工作人员在可视化的条件下能够处理智能建筑中的各项操作，强化建筑施工的控制。

（2）协调性特征，智能建筑中涉及到很多模块，如土建、装修等，在智能建筑中采用 BIM 技术，实现各项模块之间的协调性，可以有效避免建筑工程中出现不协调的情况，同时还能预防建筑施工在进度上出现问题。

（3）优化性特征，智能建筑中的 BIM 具有优化性的特征，BIM 模型提供了完整的建筑信息，优化了智能建筑的设计、施工，简化了智能建筑的施工操作。

二、建筑智能化中 BIM 技术应用

下面结合建筑智能化的发展，从以下几个方面分析 BIM 在智能建筑工程中的应用。

（一）设计应用

BIM 技术应用在智能建筑的设计阶段时，首先构建出 BIM 平台，其中具备智能建筑设计时可用的数据库，相关的数值由设计人员到智能建筑的施工现场进行实地勘察与收集。然后把数据输入到 BIM 平台的数据库内，此时安排 BIM 进行建模工作，利用 BIM 的建模功能，根据现场勘察的真实数据，在设计阶段构建出符合建筑实况的立体模型。设计人员在模型中完成各项智能建筑的设计工作，同时还可以评估设计方案是否符合智能建筑的实际情况。BIM 平台数据库的应用为智能建筑设计提供了信息传递的途径，拉近了不同模块设计人员的距离，从而避免了出现信息交流不畅的情况，实现了设计人员之间的协同作业。例如，智能建筑中涉及弱电系统、强电系统等，建筑中安装的智能设备较多，此时就可以通过 BIM 平台展示设计模型，在数据库内写入与该方案相关的数据信息，直接在 BIM 中调整模型弱电、强度以及智能设备的设计方式，促使智能建筑的各项系统功能均可达到规范的标准。

（二）施工应用

在建筑智能化的施工过程中，工程本身会受到多种因素的干扰，从而增加建筑施工的压力。在现阶段建筑智能化的发展过程中，建筑体系表现出大规模、复杂化的特征，在智能建筑施工中引起了效率偏低的情况，再加上智能建筑的多功能要求，更是增加了建筑施工的困难度。智能建筑施工时采用 BIM 技术，可以改变传统施工建设的方法，更加注重施工现场的资源配置。下面以某高层智能办公楼为例，分析 BIM 技术在施工阶段中的应用。该高层智能办公楼集成了娱乐、餐饮、办公、商务等多种功能，共计32 层楼，属于典型的智能建筑，该建筑施工时采用 BIM 技术，根据智能建筑的实际情况规划好资源的配置，合理分配施工中材料、设备、人力等资源的分配，而且 BIM 技术还能根据天气状况调整建筑的施工工艺。该案例施工中期有强降水，为了及时避免影响混凝土的浇筑，利用 BIM 模型调整了混凝土的浇筑工期，BIM 技术在该案例中非常注重施工时间的安排，在时间节点上匹配好施工工艺，案例中 BIM 模型专门为建筑施工提供了可视化的操作，也就是利用可视化技术营造可视化的条件，提前观察智能办公楼的施工效果，直观反馈出施工的状态，进而在此基础上规划好智能办公楼施工中的工

艺、工序，合理分配施工内容。BIM 在该案例中提供实时监控的条件，在智能办公楼的整个工期内安排全方位的监控，避免建筑施工时出现技术问题。

（三）运营应用

BIM 技术在建筑智能化的运营阶段也起到了关键的作用。智能建筑竣工后会进入运营阶段，分析 BIM 在智能建筑运营阶段中的应用，维护智能建筑运营的稳定性。这里主要是以智能建筑中的弱电系统为例，分析 BIM 技术在建筑运营中的应用。弱电系统竣工后，运营单位会把弱电系统的后期维护工作交由施工单位，此时弱电系统的运营单位无法准确地了解具体的运行，从而导致大量的维护资料丢失。运营中采用 BIM 技术后实现了参数信息的互通，即使是施工人员维护弱电系统的后期运行，运营人员也能在BIM 平台中了解参数信息，同时 BIM 专门建立了弱电系统的运营模型，采用立体化的模型直观显示运维数据，匹配好弱电系统的数据与资料，辅助提高后期运维的水平。

三、建筑智能化中 BIM 技术发展

BIM 技术在建筑智能化中的发展，应该积极引入信息化技术，实现 BIM 技术与信息化技术的相互融合，确保 BIM 技术能够应用到智能建筑的各个方面。现阶段，BIM技术已经得到了充分的应用，在智能化建筑的应用中需要做好 BIM 技术的发展工作，深化 BIM 技术的实践应用，满足建筑智能化的需求。信息化技术是 BIM 的基础支持，因此在未来发展中要规划好信息化技术，推进 BIM 在建筑智能化中的发展。

建筑智能化中 BIM 技术特征明显，我们应规划好 BIM 技术在建筑智能化中的应用，同时推进 BIM 技术的迅速发展，促使 BIM 技术能够满足建筑工程智能化的发展。BIM技术在建筑智能化中具有重要的作用，推进了建筑智能化的快速发展，最重要的是 BIM技术辅助建筑工程实现了智能化，加强了现代智能化建筑施工的控制。

第二节　绿色建筑体系中建筑智能化的应用

由于我国社会经济的持续增长，绿色建筑体系逐渐走进人们的视野。在绿色建筑体系当中，通过合理应用建筑智能化，不但能够保证建筑体系结构的完整，还能使其各项功能能得到充分发挥，为居民提供一个更加优美、舒适的生活空间。鉴于此，本节将主要分析建筑智能化在绿色建筑体系中的具体应用。

一、绿色建筑体系中科学应用建筑智能化的重要性

建筑智能化并没有一个明确的定义。美国研究学者指出：所谓建筑智能化，主要指的是在满足建筑结构要求的前提之下，对建筑体系内部结构进行科学优化，为居民提供一个更加便利、宽松的生活环境。而欧盟则认为：建筑智能化是对建筑内部资源的高效管理，在不断降低建筑体系施工与维护成本的基础之上，用户能够更好地享受服务。国际智能工程学会认为：建筑智能化能够满足用户安全、舒适的居住需求，与普通建筑工程相比，各类建筑的灵活性较强。我国研究人员对建筑智能化的定位是施工设备的智能化，将施工设备管理与施工管理进行有效结合，真正实现以人为本的目标。

由于我国居民生活水平在不断提升，绿色建筑得到了大规模的发展，在绿色建筑体系当中，通过妥善应用建筑智能化技术，能够有效提升绿色建筑体系的安全性能与舒适性能，真正达到节约资源的目标，对建筑周围的生态环境起到良好改善作用。结合《绿色建筑评价标准》（GB/T 50328-2019）中的有关规定能够从中知晓，通过大力发展绿色建筑体系，能够让居民与自然环境和谐相处，保证建筑的使用空间得到更好利用。

二、绿色建筑体系的特点

（一）节能性

与普通建筑相比，绿色建筑体系的节能性更加明显，能够保证建筑工程中的各项能源真正实现循环利用。例如，在某大型绿色建筑工程当中，设计人员通过将垃圾分类保证生活废物得到高效处理，以此来减少生活污染物的排放量。由于绿色建筑结构比较简单，居民的活动空间变得越来越大，建筑可利用空间的不断加大，有效提升人们的居住质量。

（二）经济性

绿色建筑体系具有经济性特点。由于绿色建筑内部的各项设施比较完善，能够全面满足居民的生活、娱乐需求，促进居民之间的和谐沟通。为了保证太阳能的合理利用，有关设计人员结合绿色建筑体系特点，制定了合理的节水、节能应急预案，并结合绿色建筑体系运行过程中时常出现的问题，制定了相应的解决对策，在提升绿色建筑体系可靠性的同时，充分发挥出该类建筑工程的各项功能，使绿色建筑体系的经济性能得到更好体现。

三、绿色建筑体系中建筑智能化的具体应用

（一）工程概况

某项目地上34层为住宅楼，地下两层为停车室，总建筑面积为12 365.95 m²，占地面积为1 685.32 m²。在该建筑工程当中，合理应用建筑智能化理念能够明显提高建筑内部空间的使用效果，进一步满足人们的居住需求。绿色建筑工程设计人员在实际工作当中，要运用"绿色"理念、"智能"手段，对绿色建筑体系进行合理规划，并认真遵守《绿色建筑技术导则》中的有关规定，不断提高绿色建筑的安全性与可靠性。

（二）设计阶段建筑智能化的应用

在绿色建筑设计阶段，设计人员要明确绿色建筑体系的设计要求，对室内环境与室外环境进行合理优化，节约大量的水资源、材料资源，进一步提升绿色建筑室内环境质量。在设计室外环境的过程当中，可以栽种适应力较强、生长速度快的树木，并采用无公害病虫害防治技术，不断规范杀虫剂与除草剂的使用量，防止杀虫剂与除草剂对土壤与地下水环境产生严重危害。为了进一步提升绿色建筑体系结构的完整性，社区物业部门需要建立相应的化学药品管理责任制度，并准确记录下树木病虫害防治药品的具体使用情况，定期引进生物制剂与仿生制剂等先进的无公害防治技术。

除此之外，设计人员还要根据该地区的地形地貌，对原有的工程设计方案进行不断优化，并不断减小工程施工对周围环境产生的影响。设计人员还要考虑工程施工对周围地形地貌、水体与植被的影响，并在工程施工结束之后，及时采用生态复原措施，保证原场地环境更加完整。设计人员还要结合该地区的土壤条件，对其进行生态化处理，针对施工现场中可能会出现的污染水体，采取先进的净化措施进行处理，在提升污染水体净化效果的同时，真正实现水资源的循环利用。

（三）施工阶段建筑智能化的应用

在绿色建筑工程施工阶段，通过应用建筑智能化技术，能够有效降低生态环境负荷，对该地区的水文环境起到良好地保护作用，真正实现提升各项能源利用效率、减少水资源浪费的目标。建筑智能化技术的应用主要体现在工程管理方面，施工管理人员通过利用信息技术，将工程中的各项信息进行收集与汇总，在这个过程当中，如果出现错误的施工信息，软件能够准确识别，更好地减轻了施工管理人员的工作负担。

在该绿色建筑工程项目当中，施工人员进行海绵城市建设，其建筑规模如下。①在小区当中的停车位位置铺装透水材料，主要包括非机动车位与机动车位，防止地表雨水的流失。②合理设置下凹式绿地，该下凹式绿地占地面地下室顶板绿地的90%，具有较好的调节储蓄功能。③该工程项目设置屋顶绿化698.25 m²，剩余的屋面则布置太阳能设备，通过在屋顶布设合理的绿化，能够有效减少热岛效应的出现，不断减少雨水的地表径流量，对绿色建筑工程项目的使用环境起到良好的美化作用。

（四）运行阶段建筑智能化的应用

在绿色建筑工程项目运行与维护阶段，建筑智能化技术的合理应用能够保证项目中的网络管理系统运行更加稳定，真正实现资源、消耗品与绿色的高效管理。所谓网络管理系统，能够对工程项目中的各项能耗与环境质量进行全面监管，保证小区物业管理水平与效率得到全面提升。在该绿色建筑工程项目当中，施工人员最好不采用电直接加热设备作为供暖控台系统，要对原有的采暖与空调系统冷热源进行科学改进，并结合该地区的气候特点、建筑项目的负荷特性，选择相应的热源形式。该绿色建筑工程项目中采用集中空调供暖设备，拟采用两台螺杆式水冷冷水机组，机组制冷量为1 160 kW左右。

本节详细介绍了建筑智能化技术在绿色建筑体系设计阶段、施工阶段、运行阶段的应用要点，可以帮助有关人员更好地去了解建筑智能化技术的应用流程，对绿色建筑体系的稳定发展起到良好推动作用。对于绿色建筑工程项目中的设计人员来说，要主动学习先进的建筑智能化技术，不断提高自身的智能化管理能力，保证建筑智能化在绿色建筑体系中得到更好运用。

第三节　建筑电气与智能化建筑的发展和应用

智能化建筑在当前建筑行业中越来越常见，对于智能化建筑的构建和运营而言，建筑电气系统需要引起高度关注。只有确保所有建筑电气系统的稳定、有序运行，才能更好地保障智能化建筑应有功能的表达。基于此，深入探究建筑电气与智能化建筑的应用，成为未来智能化建筑发展的重要方向。本节将首先介绍现阶段建筑电气和智能化建筑的具体发展状况，然后具体探讨建筑电气智能化系统的应用，以供参考。

现阶段智能化建筑的发展越来越受重视，为了进一步凸显智能化建筑的应用效益，提升智能化建筑的功能价值，重点围绕着智能化建筑的电气系统进行优化布置，以求形成更为协调有序的整体运行效果。当前，建筑电气和智能化建筑受重视程度越来越高，伴随着各类先进技术手段的创新应用，建筑智能化电气系统的运行也越来越高效，但是建筑电气和智能化建筑的具体应用方式和要点依然有待于进一步探究。

一、建筑电气和智能化建筑的发展

当前建筑行业的发展速度越来越快，不仅仅表现在施工技术的创新优化上，往往还和建筑工程项目中引入的大量先进技术和设备有关，尤其是对于智能化建筑的构建，更是在实际应用中表现出了较强的作用价值。对于智能化建筑的构建和实际应用而言，其往往表现出了多方面优势，比如可以在更大程度上满足用户的需求，体现更强的人性化理念，在节能环保以及安全保障方面同样也具备更强作用，成为未来建筑行业发展的重要方向。在智能化建筑施工构建中，各类电气设备的应用成为重中之重，只有确保所有电气设备能够稳定有序运行，才能够满足应有功能。基于此，建筑电气和智能化建筑的协同发展应该引起高度关注，以求能够促使智能化建筑可以表现出更强的应用价值。

在建筑电气和智能化建筑的协同发展中，智能化建筑电气理念成为关键发展点，也是未来我国住宅优化发展的方向，有助于确保所有住宅内电气设备的稳定可靠运行。当然，伴随着建筑物内部电气设备的不断增多，相应智能化建筑电气系统的构建难度同样也在增大，因此对于设计以及施工布线等都提出了更高要求。与此同时，对于智能化建筑电气系统中涉及的所有电气设备以及管线材料也应该加大关注力度，以求能够更好地维系整个智能化建筑电气系统的稳定运行，这也是未来发展和优化的重要关注点。

从现阶段建筑电气和智能化建筑的发展需求上来看，首先，应该关注以人为本的理念，要求相应智能化建筑电气系统的运行可以较好符合人们提出的多方面要求，尤其是需要注重为建筑物居住者营造较为舒适的室内环境，可以更好地提升建筑物居住质量。其次，在智能化建筑电气系统的构建和运行中还需要充分考虑节能需求，这也是开发该系统的重要目标，需要促使其能够充分节约以往建筑电气系统运行中不必要的能源消耗，在更为节能的前提下提升建筑物运行价值。最后，建筑电气和智能化建筑的优化发展还需要充分关注建筑物的安全性，能够切实优化相应系统的安全防护功能，确保安全监管更为全面，同时能够借助自动控制手段形成全方位保护，进一步提升智能化建筑应用价值。

二、建筑电气与智能化建筑的应用

(一)智能化电气照明系统

在智能化建筑构建中,电气照明系统作为必不可少的重要组成部分应该予以高度关注,以确保电气照明系统的运用能够体现出较强的智能化特点,可以在照明系统能耗损失控制以及照明效果优化等方面发挥积极作用。电气照明系统虽然在长期运行下并不会需要大量的电能,但是同样也会出现明显的能耗损失,以往照明系统中往往有15%左右的电力能源被浪费,这也就成为建筑电气和智能化建筑优化应用的重要着眼点。针对整个电气照明系统进行智能化处理,首先考虑到照明系统的调节和控制,在选定高质量灯源的前提下,借助于恰当灵活的调控系统,实现照明强度的实时控制,从而更好地满足居住者的照明需求,同时还有助于规避不必要的电力能源损耗。虽然电气照明系统的智能化控制相对简单,但是同样也涉及了较多的控制单元和功能需求,比如时间控制、亮度记忆控制、调光控制以及软启动控制等,都需要灵活运用到建筑电气照明系统中。同时借助于集中控制和现场控制,实现对于智能化电气照明系统的优化管控,以便更好地提升其运行效果。

(二)BAS 线路

建筑电气和智能化建筑的具体应用还需要重点考虑 BAS 线路的合理布设,确保整个 BAS 运行更为顺畅高效,尽量避免在任何环节中出现严重隐患问题。在 BAS 线路布设中,首先应该考虑各类不同线路的选用需求,比如通信线路、流量计线路以及各类传感器线路,都需要选用屏蔽线进行布设,甚至需要采取相应产品制造商提供的专门导线,以避免在后续运行中出现运行不畅现象。在 BAS 线路布设中还需要充分考虑弱电系统相关联的各类线路连接需求,确保这些线路的布设更为合理,尤其是对于大量电子设备的协调运行要求,更是应该借助于恰当的线路布设予以满足。除此之外,为了更好地确保弱电系统以及相关设备的安全稳定运行,往往还需要切实围绕接地线路进行严格把关,确保各方面的接地处理都可以得到规范执行。除了传统的保护接地,还需要关注弱电系统提出的屏蔽接地以及信号接地等高要求,对于该方面线路电阻进行准确把关,避免出现接地功能受损问题。

（三）弱电系统和强电系统的协调配合

在建筑电气与智能化建筑构建应用中，弱电系统和强电系统之间的协调配合同样也应该引起高度重视，避免因为两者之间存在的明显不一致问题，影响后续各类电气设备的运行状态。在智能化建筑中做好弱电系统和强电系统的协调配合还需要分析两者间的相互作用机制，对于强电系统中涉及的各类电气设备进行充分研究，探讨如何借助于弱电系统进行调控管理，以促使其可以发挥出理想的作用。比如，在智能化建筑中进行空调系统的构建，就需要重点关注空调设备和相关监控系统的协调配合，促使空调系统不仅仅可以稳定运行，还能够有效借助于温度传感器以及湿度传感器进行实时调控，以便空调设备可以更好地服务于室内环境，确保智能化建筑的应用价值得到进一步提升。

（四）系统集成

对于建筑电气与智能化建筑的应用，因为其弱电系统相对较为复杂，往往包含多个子系统，因此需要重点围绕这些弱电项目子系统进行有效集成，以确保智能化建筑运行更为高效稳定。基于此，为了更好地促使智能化建筑中涉及的所有信息都能够得到有效共享，应该首先关注各个弱电子系统之间的协调性，尽量避免子系统之间存在明显冲突。当前，智能楼宇的集成水平越来越高，但是同样也存在着一些缺陷，有待于进一步优化完善。

在当前建筑电气与智能化建筑的发展中，为了更好地提升其应用价值，往往需要重点围绕智能化建筑电气系统的各个组成部分进行全方位分析，以求形成更为完整协调的运行机制，切实优化智能化建筑应用价值。

第四节　建筑智能化系统集成设计与应用

随着社会的不断进步，建筑的使用功能获得极大丰富，从开始单纯地为人们遮风挡雨，到现在协助人们完成各项生活、生产活动，其数字化水平、信息化程度和安全系数受到了人们的广泛关注。

由此可以看出，建筑智能化必将成为时代发展的趋势和方向。目前，集成系统在建筑的智能化建设中得到了广泛应用，引起了建筑质的变化。

一、现代建筑智能化发展现状

科学技术的进步推动了建筑行业的改革与发展。近年来，我国的智能化建筑领域呈现出良好的发展态势，并且在设计、结构、使用等方面与传统建筑有着明显的差别，因此备受人们的关注。

目前，我们已经进入网络时代，建筑建设也逐渐向集成化和科学化方向发展。智能建筑全部采用现代技术，并将一系列信息化设备应用到建筑设计和实际施工中，使智能建筑具有强大的实用性，进而为人们的生产生活提供更为优质的服务。

现阶段，各个国家对智能建筑持不同的意见与看法。我国针对智能建筑也颁布了一系列的政策与标准。总的来说，智能建筑发展必须以信息集成技术为支撑，而如何实现系统集成技术在智能建筑中的良好应用、提高用户的使用体验就成了建筑行业亟须研究的问题。

二、建筑智能化系统集成目标

建筑智能化系统的建立，首先需要确定集成目标，目标的科学、合理性对建筑智能化系统的建立具有决定性意义。在具体施工过程中，经常会出现目标评价标准不统一，或目标不明确的情况，进而导致承包方与业主产生严重的分歧，甚至出现工程返工的情况，造成施工时间与资源的大量浪费，给承包方带来巨大的经济损失，同时业主的居住体验和系统性能价格比也会直线下降，并且业主的投资也没有得到相应的回报。

建筑智能化系统集成目标要充分体现操作性、方向性和及物性的特点。其中，操作性是决策活动中提出的控制策略，能够影响与目标相关的事件，促使其向目标方向靠拢；方向性是目标对相关事件的未来活动进行引导，实现策略的合理选择；及物性是指与目标相关或是目标能直接涉及的一些事件，并为决策提供依据。

三、建筑智能化系统集成的设计与实现

（一）硬接点方式

目前，智能建筑中包含许多的系统方式，简单的就是在某一系统设备中通过增加该系统的输入接点、输出接点和传感器，将其接入另外一个系统的输入接点和输出接点进行集成，向人们传递简单的开关信号。该方式得到了人们的广泛应用，尤其在需要传输

紧急、简单的信号系统中最为常用，如报警信号等。硬接点方式不仅能够有效降低施工成本，而且为系统的可靠性和稳定性提供保障。

（二）串行通信方式

串行通信方式是一种通过硬件来进行各子系统连接的方式，是目前较为常用的手段之一。与硬接点方式相比，串行通信方式成本更低，且大多数建设者也能够依靠自身技能实现该方式的应用。通过应用串行通信的方式，可以对现有设备进行改进和升级，并使这些设备具备集成功能。串行通信方式是在现场控制器上增加串行通信接口，通过串行通信接口与其他系统进行通信，但是它需要根据使用者的具体需求来展开研发，针对性很强。同时，串行通信方式需要通过串行通信协议转换的方式来进行信息采集，通信速率较低。

（三）计算机网络

计算机是实现建筑智能化系统集成的重要媒介。近几年来，计算机技术得到了迅猛的发展与进步，给人们的生产生活带来了极大的便利。建筑智能化系统生产厂商要将计算机技术充分利用起来，设计满足客户需求的智能化集成系统，例如保安监控系统、消防报警、楼宇自控等，将其通过网络技术进行连接，达到系统间互相传递信息的作用。通过应用计算机技术和网络技术，减少了相关设备的大量使用，并实现了资源共享，充分体现出现代系统集成的发展与进步，并且在信息速度和信息量上体现出显著的优势。

（四）OPC 技术

OPC 技术是一种新型的具有开放性的技术集成方式。如果说计算机网络系统集成是系统的内部联系，那么 OPC 技术就是更大范围的外部联系。应用计算机技术能够促进商家间的联系，而构建开放式系统，例如围绕楼宇控制系统，能够促使各个商家、建筑的子系统按照统一的发展方式和标准，通过网络管理、协议的方式为集成系统提供相应的数据，时刻做到标准化管理。与此同时，通过应用 OPC 技术，还能将不同供应商所提供的应用程序、服务程序和驱动程序做集成处理，使供应商、用户均能在 OPC 技术中感受到其带来的便捷。此外，OPC 技术还能作为不同服务器与客户的桥梁，为两者建立一种即插即用的链接关系，并显示出其简单性和规范性的特点。在此过程中，开发商不用投入大量的资金与精力来开发各硬件系统，只需开发一个科学完善的 OPC 服务器，即可实现标准化服务。由此可见，基于标准化网络，将楼宇自控系统作为核心的集成模式，具有性能优良、经济实用的特点，值得广泛推荐。

四、建筑智能化系统集成的具体应用

（一）设备自动化系统的应用

建筑设备的自动化、智能化发展为建筑智能化提供了强大的发展动力。所谓的设备自动化就是指实现建筑对内部安保设备、消防设备和机电设备等的自动化管理，如照明、排水、电梯和消防等相关的大型机电设备。相关管理人员必须要对这些设备进行定期检查和保养，保障其正常运行。实现设备系统的自动化，大大提高了建筑设备的使用性能，并保障了设备的可靠性和安全性，对提升建筑的使用功能和安全性起到了关键的作用。

（二）办公自动化系统的应用

办公自动化系统的有效应用能够大大提高办公质量与效率，并极大地改善办公环境，避免出现人工失误，进而及时、高效地完成相应的工作任务。办公自动化系统通过先进的办公技术和设备，对信息进行加工、处理、存储和传输，较纸质档案来说更为牢靠和安全，并大大节省了办公的空间，降低了成本投入。与此同时，对于数据处理问题，也可以应用先进的办公技术，使信息加工更为准确和快捷。

（三）现场控制总线网络的应用

现场控制总线网络是一种标准的开放控制系统，能够对各子系统数据库中的监控模块进行信息、数据的采集，并对各监控子系统进行联动控制，主要通过 OPC 技术、COM、DCOM 技术等标准的通信协议来实现。建筑监控系统的管理人员可利用各子系统来进行工作站的控制，监视和控制各子系统的设备运行情况和监控点的报警情况，还可以实时查询历史数据信息，对历史数据信息进行存储和打印，设定和修改监控点的属性、时间和事件的相应程序，并干预控制设备的手动操作。此外，对各系统的现场控制总线网络与各智能化子系统的以太网还应设置相关的管理机制，保证系统操作和网络的安全管理。

综上所述，建筑智能化系统集成是一项重要的科技创新，极大地满足了人们对智能建筑的需求，让人们充分体会到了智能化所带来的便捷与安全。同时，建筑智能化也对社会经济的发展起到了一定的促进作用。如今，智能化已经体现在生产生活的各个方面，并成为未来的重要发展趋势。对此，国家应该大力推动建筑智能化系统集成的发展，为人们营造良好的生活与工作环境，促进社会和谐与稳定。

第五节　信息技术在建筑智能化建设中的应用

　　我国经济的高速发展及信息化社会、工业化进程的不断推进，使我国各地在一定限度上涌现出了投资额度不一、建设类型不一的诸多大型建筑工程项目，而面对体量较大的建筑工程主体管理工作，若是不采用高效的、科学的管理工具进行辅助，就会在极大限度上直接加大管理工作人员的工作难度，甚至会给建筑工程项目建设带来不必要的负面影响。

　　信息技术的不断发展和应用，给传统的建筑管理工作带来了不可估量的影响。建筑管理工作借助建筑主体智能化管理、视频监控管理、照明系统管理等现代信息技术的不断应用，借助对系统数据信息进行深度挖掘和分析，实现了对建筑主体的自动化管控，为我国智能建筑市场优势的打造奠定了坚实的基础。

一、项目概况

　　为进一步深入探究信息技术在建筑智能化建设中的广泛应用，本节以某综合性三级甲等医院为主要研究对象，探究了该三甲医院门诊急诊病房的综合楼项目建设工程。

　　进一步分析该建设工程项目可知，该项目主要由住院病区、门诊区、急诊区、医疗技术区、中心供应区、后勤服务区和地下停车场区等重要部分组成，地面面积总共为 5.1 万 m²，总建筑面积为 23.8 万 m²。

　　该三甲医院门诊急诊病房综合楼工程项目建设设计门诊量为 6 000 人 / 天，实际急诊量为 800 人 / 天，实际拥有病床 1 700 个，共拥有手术室 82 间。

二、建筑智能化系统架构

　　随着现代社会人们物质生活水平的普遍提高和信息化技术、数字化技术、智能化技术的不断进步与发展，医疗服务的数字化水平、自动化水平和智能化水平逐步普及。建筑智能化系统在医疗建筑工程项目领域中的应用愈加广泛，在较大限度上直接加大了智能化建设项目成本的压力。因此，为了尽可能地强化建筑智能化设计，需要考虑用户核心需要、使用需求、管理模式、建设资金等多方面的综合情况，进而对建筑智能化系统的相关功能、规模配置以及系统标准等方面进行综合考量，以达到标准合格、功能齐全、社会效益和经济效益的最大化平衡，为人民生活谋取最大化福利。

三、系统集成技术应用

（一）系统集成原理

在利用信息化技术对建筑工程项目进行智能化建设和管理时，相关工作人员应当严格按照建筑智能化工程项目建设规划及管理规划，在使用信息技术工具及其软件系统等多样化方式的基础上，增强对建筑工程项目的智能化系统集成。例如，在闵行区标准化考场视频巡查系统的改扩建项目中，工作人员首先应借助相关软件实现对工程项目建设硬件设备数据的采集、存储、整理和分析，进而通过相应信息软件对相关硬件设备的数据进行优化控制与管理。在此过程之中，必须要密切关注硬件设备与系统软件之间的天然差异所带来的数据交互以及数据处理的困难，根据所建设工程项目的实际标准选取更加恰当和适宜的过程控制标准，尽可能地选择由 OPC 基金会所制定的工业过程控制 OPC 标准。解决硬件服务商和系统软件集成服务商之间数据通信难度的同时，为上位机与下位机的数据信息通信提供更加透明的通道，从而实现硬件设备和软件系统之间数据信息的自由交换，进而为建筑工程项目智能化设计系统的开放性、可扩展性、兼容性、简便性等奠定坚实的基础，为建筑工程智能化管理提供可靠的保障。

（二）系统集成关键技术

为尽可能全面地满足建筑工程项目的智能化管理和建设需求，需借助先进科学的信息技术，在结合建筑工程智能化建设管理用户需求和建设需求目标的基础上进行整体设计和综合考量，进而制定满足特定建筑智能化管理目标的管理方案和管理措施。一般情况下，在建筑工程项目智能化集成系统的设计过程中，其应用技术主要包括计算机技术、图像识别技术、数据通信技术以及自动化控制技术等重要类型。①由于在所有的系统软件运行过程中都离不开计算机硬件设备及软件系统支撑等重要媒介，因此，为了尽可能地提高建筑工程智能化集成系统的实际应用效能，满足工程项目智能化建设的总体需求，就需要尽可能地使用先进的计算机管理技术，在保证计算机媒介性能提升的同时，还应确保计算机网络系统的稳定性、安全性、服务可持续性、兼容性及高效性，为满足建筑智能化建设目标奠定坚实的基础。②图像识别技术。在建筑智能化集成系统子系统的集成过程中，由于集成对象包括了建筑工程项目出入车辆的监控、视频数据信息的采集等众多图像采集子系统。因此，为了更高效地完成系统集成目标，需要将各图像采集子系统所采集到的数据信息转化为可读性更强的数字化信息。这就需要采用高效的图像识别技术，完成对输入图像数据信息的识别、采集、存储和分析，最终完成图像信息到可读数字化信息的转换。③就数据通信技术而言，建筑智能化集成系统在其设计过程中采用了集中式的数据存储管理模式，由建筑智能化集成系统的各子系统根据自身设备的实际运行状况实时记录和存储相应的生产数据信息，进而利用专业化程度较高的数据通信技术，将实时的生产数据信息进行集中汇总和存储，从而保证建筑智能化集成子系统数据信息能够持续稳定且可靠、准确地上报集成数据中心，完成数据通信和数据存储过程。④就自动化控制技术而言，建筑智能化集成系统之所以能够称为智能化系统的重要原因，即建筑智能化集成系统能够根据相应的预先设定的规则，对所采集到的数据信息进行分析处理而完成自动化控制，并进一步根据系统的分析结果采取相应的处置措施，且在一系列的数据处理和措施设计过程中并不需要人工参与，从而大幅度提高了建筑工程项目的实际管理效率和管理质量。因此，为有效提升系统的整体应用价值，就必须确保建筑智能化集成系统的自动化控制水准达到基本要求。

（三）系统集成分析

在闵行法院机房 UPS 项目智能化系统的建设过程中，为了尽可能提高智能化系统的集成综合服务能力，根据现有的 5A 级智能化工程项目建设目标，包括楼宇设备自动化系统、安全自动防范系统、通信自动化系统、办公自动化系统和火灾消防联动报警系统等。在结合工程项目建设智能化管理实际需求的基础上，对现有的建筑智能化系统集成进行分层次的集成架构设计，以确保建筑智能化系统集成物理设备层、数据通信层、数据分析层以及数据决策层等相关数据信息的可获得性和功能目标完成的科学性。其中，在对物理设备层进行架构时，必须根据不同的建筑工程项目主体智能化建设需求的不同，通过以 5A 级智能化建设项目为基本指导，在安装各智能化应用子系统过程中有所侧重、有所忽略。就数据通信层设计而言，主要是为了完成集成系统和各子系统之间数据信息交换接口的定义，以及交换数据信息协议的补充，实现数据信息之间的互联互通。而数据分析层则主要是为了完成各子系统所采集到的数据信息的自动化分析和智能化控制，最终为数字决策层提供更加科学、更加准确的数据支撑。

总而言之，信息技术在建筑智能化建设和管理过程中具备不容忽视的使用价值和重要作用，不仅能在较大限度上直接改善建筑智能化系统的实际运营过程，以此来确保建筑智能化各项运营需求和运营功能的实现，更能够有力地推动建筑智能化向智能建筑和智慧建筑方向发展，充分提高智能建筑实际运营质量的同时，实现智能建筑中的物物相连，为信息的"互联互通"和人们的舒适生活做出贡献。

第六节　智能楼宇建筑中楼宇智能化技术的应用

经济城市化水平的急剧发展带动了建筑业的迅猛发展，在高度信息化、智能化的社会背景下，建筑业与智能化的结合已成为当前经济发展的主要趋势，在现代建筑体系中，已经融入了大量的智能化产物，这种有机结合建筑，增添了楼宇的便捷服务功能，给用户带来了全新的体验。本节就智能化系统在楼宇建筑中的高效应用进行研究，根据智能化楼宇的需求，研制更加成熟的应用技术，改进楼宇智能化功能，为人们提供更加便捷、科技化的享受。

楼宇智能化技术作为新世纪高新技术与建筑的结合产物，其技术涉及多个领域，不仅需要专业的建筑技术人员，还需要懂科技、懂信息的科技人才，各专业人员相互协作才可以确保楼宇智能化的实现。在楼宇智能化设计中，对智能化建设工程的安全性、质量和通信标准要求极高，只有全面掌握楼宇建筑的详细资料，选取适合楼宇智能化的技术，才能建造出多功能、大规模、高效能的建筑体系，从而为人们创建更加舒适的住房环境和办公条件。

一、智能化楼宇建设技术的现状概述

在建筑行业中使用智能化技术，是人们集结先进科学智能化控制技术和自动通信系统，不断改造利用现代化技术，逐渐优化楼宇建筑功能，提升建筑服务的一种技术手段。至 20 世纪 80 年代，第一栋拥有智能化建设的楼宇在美国诞生，此后，楼宇智能化技术被全世界推广。我国针对智能化在建筑物中的应用进行了细致的研究和深入的探讨，最终制定了符合中国标准的智能化建筑技术，并给出相关的规定和科学准则。在国家经济的全力支撑下，智能化楼宇如雨后春笋般遍地开花。国家相关部门进行综合决策，制定了多套符合中国智能化建设的法律法规，使智能化楼宇在审批、建筑、验收的各个环节都有标准的法律法规，这为智能化建筑未来的发展提供了重大帮助和政策支撑。

二、楼宇智能化技术在建筑中的有效应用

（一）机电一体化自控系统

机电设备是建筑中重要的系统，主要包括楼房的供暖系统、空调制冷系统、楼宇供排水体系、自动化供电系统等。

（1）楼房供暖与制冷系统调控系统。借助于楼宇内的自动化调控系统，能够根据室内环境的温度，开展一系列的技术措施，对其进行功能化、标准化的操控和监督管理。同时系统能够通过自感设备对外界温湿度进行精准检测，并自动调节，进而改善了整个楼宇内部的温湿条件，为人们提供更高效、更适宜的服务体验。当楼宇供暖和制冷系统出现故障时，自控系统能够找到故障发生的根源，并及时进行汇报，同时也能实现自身对问题的调控，将故障降到最低。

（2）供排水自控系统。楼宇建设中供排水系统是最重要的工程项目，为了使供排水系统能够更好地为用户服务，可以借助自控较高的系统对水泵系统进行 24 小时的监控，当出现问题障碍时，及时报警。与此同时，其监控系统能够根据污水排放管道的堵塞情况、处理过程等方面实施全天候的监控与管理。此外，自控制系统能够实时监测供排水系统的压力负荷，压力过大时能够及时进行减压处理，保障水系统的供排在一定的掌控范围中。最大程度地减少供排水系统出现障碍的频率。

（3）电力供配自控系统。智能化楼宇建设中最大的动力来源就是"电"，因此，合理控制电力的供给和分配是电力实现智能化建筑楼宇的重中之重。在电力供配系统中增添控制系统，实现全天候的检测，能够准确把握各个环节，确保整个系统能够正常运行。当某个环节出现问题时，自控系统能够及时检测出来，并自动生成程序解决供电故障，或发出警报信号，提醒检修人员进行维修。实现对电力供配系统的监控主要依赖于传感系统发出的数据信息与预报指令。根据传感系统发出的指令，控制系统能够及时切断故障的电源，控制该区域的网络运行，从而保障电力系统的其他领域安全工作。

（二）防火报警自动化控制系统

防火报警系统是现代楼宇建设中最重要的安全保障系统，对于智能化楼宇建筑而言，该系统的建设具有重大意义。由于智能化建筑中需要大功率的电子设备来支撑楼宇各个系统的正常运转，因此在保障楼宇安全的前提下，消防系统的作用至关重要。当某个系统出现短路或电子设备发生异常时，就会出现跑电漏电等现象，若不能及时有效地对其

进行控制，很容易引发火灾。防火报警系统能够及时检测出排布在各个楼宇系统中的电力运行状态，并实施远程监控和操作。一旦出现火灾，便可自动做出消防措施，同时发出报警信号。

（三）安全防护自控系统

在现代楼宇建设中，设计了多项安全防护系统，其中包括：楼宇内外监控系统、室内外防盗监控系统和闭路电视监控。楼宇内外监控系统是对进出楼宇的人员和车辆进行自动化辨别，是确保楼宇内部安全的第一道防线。这一监测系统包括门禁卡辨别装置、红外遥控操作器、对讲电话设备等，进出人员刷门禁卡时，监控系统能够及时地辨别出人员的信息，并保存于计算机系统中，待计算机对其数据进行辨别后传出进出指令。室内外防盗监控系统主要通过红外检测系统对其进行辨别，发现异常行为后能够自动发出警报并报警。闭路电视监控系统是现代智能化楼宇中常用的监测系统，通过室外监控进行人物成像，并进行记录和保存。

（四）网络通信自控系统

网络通信自控系统是采用 PBX 系统对建筑物中的声音、图形等进行收集、加工、合成、传输的一种现代通信技术。它主要以语音收集为核心，同时也连接了计算机数据处理中心设备，是一种集电话、网络为一体的高智能网络通信系统。网络通信自控系统通过卫星通信、网络的连接和广域网的使用，将收集到的语音资料通过多媒体等信息技术传递给用户，实现更高效便捷的通信与交流。

在信息技术发展迅猛的今天，智能化技术必将会广泛应用于楼宇的建筑中，这项将人工智能与建筑业有机结合的技术是现代建筑的产物。在这种建筑模式高速发展的背景下，传统的楼宇建筑技术必将被取代。这不仅是时代发展的结果，同时也是人们对未来住房功能和服务的要求。在未来的建筑业发展中，实现全面的智能化为建筑业提供了发展的方向。此外，建筑业智能化水平的日益提升，也为各大院校的从业人员提供了坚实的就业保障和就业方向。

第七节　建筑智能化系统的智慧化平台应用

物联网、大数据技术的快速发展有效推动了建筑智能化系统的发展，通过打造智慧化平台，使系统智能化功能更加丰富，极大提升了人们的居住体验，降低了建筑能耗，更加方便对建筑运行进行统一严格管理，对于推动智能建筑实现可持续发展具有重要意义。

一、建筑智能化系统概述

建筑智能化系统最早兴起于西方。早在 1984 年，美国的联合技术建筑系统（UTBS）公司对一座金融大厦进行改造并将其命名为"City Place"，具体改造方式是以大厦原有结构为基础，通过增添一些信息化设备、应用一些信息技术，例如计算机设备、程序交换机、数据通信线路等，使大厦整体功能发生质的改变。住在其中的用户因此能够享受到文字处理、通信、电子信函等多种信息化服务。与此同时，大厦的空调、给排水、供电设备也可以由计算机进行控制，从而使大厦整体实现了信息化、自动化，为住户提供了更为舒适的服务与居住环境。从那以后，智能建筑走上了高速发展的道路。

随着物联网技术的飞速发展，建筑智能化系统中的功能也越来越丰富，并衍生出一种新的智慧化平台。该平台依托于物联网，不仅融入了常规的信息通信技术，还应用了云计算技术、GPS、GIS、大数据技术等，使建筑智能化系统的智能性得到更为显著的体现，在建筑节能、安防等方面发挥了非常重要的作用。

二、智慧平台的五大作用

传统的建筑智能化衍生为系统智能化，可以将局域的智能化通过通信技术进行升级和加强，再通过平台集成将原有智能化系统统一为一个操作界面，使智能化管理更加便捷和智能。具体有以下五大优点。

（一）实施对设施设备运维管理

针对建筑设施设备使用期限实现自动化管理。建筑智能化系统设备开始使用后，在系统中会自动设定预计使用年限，在设备将要达到使用年限后，可以向用户发出更换提醒。设施设备维护自动提醒以提前设置好的设备的维护周期为依据，结合设备上次维护的时间，自动生成下一次设备维护内容清单，并能够自动提醒。同时针对系统维护、维修状况，能够实现自动关联，并根据相关设备，实现详细内容查询，一直到设备报废或者从建筑中撤除。能够对系统设备近期维护状况进行实时检查，能够提前了解基本情况，并来到现场对设备运行状态加以确认，了解其详细情况，并将故障信息实施上传，更加方便管理层进行决策，及时制定合理的应对方案。例如借助云平台，收集建筑运行信息，并对这些信息进行集中分析，如通过统计设备故障率，获得不同设备使用寿命参照数据，并通过可视化技术以图表形式显示出来，更加有助于实现事前合理预测，提前做好预防措施，有效提升系统设备的管理水平。

（二）有效降低能耗，提高日常管理

将建筑内涉及能源采集、计量、监测、分析、控制等的设备和子系统集中在一起，实现能源的全方位监控，通过各能源设备的数据交互和先进的计算机技术实现主动节能的同时，还可以对能源的使用数据进行横向、纵向的对比分析，找到能源消耗与楼宇经营管理活动中不匹配的地方。抓住关键因素，在保证正常的生产经营活动及健康舒适的工作环境不受影响前提下，实现持续的降低能耗。同时，该系统通过 I/O、监听等专有服务，将建筑内的所有供能设备及耗能设备进行统一集成，然后利用数据采集器、串口服务器，获取各类智能水表、电表、燃气表、冷热能量表的能耗数据，并通过数据采集器、串口服务器或者各种接口协议转换，对建筑各种能耗装置设备进行实时监控和设备管理。针对收集的能耗数据，通过利用大规模并行处理和列存储数据库等手段，将信息进行半结构化和非结构化重构，以进行更高级别的数据分析。同时系统嵌入建筑的 2D、3D 电子地图导航，将各类能耗的监测点标注在实际位置上，使布局明晰并方便查找。在 2D、3D 效果图上选择建筑的任何用能区域，可以实时监测能耗设备的实时监测参数及能耗情况，让管理人员和使用者能够随时了解建筑的能耗情况，提高节能意识。在这种基础上，还能够完成不同建筑能源的分时—分段计费、多角度能耗对比分析、用能终端控制等功能。

（三）应急指挥

将智能化的各个子系统通过软件对接的方式进行平台管理，通过智能分析及大数据分析，有效提高管理人员的管理水平。

其中网络设备系统、Wi-Fi 系统、高清视频监控系统、人脸识别系统、信息发布系统、智能广播系统、智能停车场系统等各个独立的智能化系统进行有机结合，可以实现以下功能。

1.危险预防能力

通过人脸识别、智能视频分析、热力分析等功能，对一些危险区域和事态进行提前预判，有针对性地进行管理。

全天时工作，自动分析视频并报警，误报率低，降低因为管理人员人为失误引起的高误差。将传统的"被动"监控转变为"主动"监控，在报警发生的同时进行实时监视并记录事件过程。

热力图分析的本质是点数据分析。一般来说，点模式分析可以用来描述任何类型的事件数据（incident data）。通过分析，我们可以将点数据转变为点信息，以更好地了解空间点过程，准确地发现隐藏在空间点背后的规律，进而让管理人员得到有效的数据支持，及时规避和疏导。

2.应急指挥

应急指挥基于先进信息技术、网络技术、GIS技术、通信技术和应急信息资源，实现紧急事件报警的统一接入与交换，根据突发公共事件的突发性、区域性、持续性等特点，以及应急组织指挥机构及其职责、工作流程、应急响应、处置方案等应急业务的集成，同过音视频系统、会议系统、通信系统、后期保障系统等实现应急指挥功能。

3.事后分析总结能力

通过事件的流程和发生的原因，进行数据分析，为事后总结分析提供数据支持，也为避免此类事件再次发生提供重要保障。

（四）用户体验舒适

1.客户提醒

广播和LED通过数字化连接，通过平台统一发放，能做到分区播放，不同区域不同提示，从而提高体验度，让客户在陌生的环境下能在第一时间通过广播系统和显示系统得到信息，摆脱困扰。

2.信用体系

在平台数据提取的帮助下，建立各类信用体系，也为管理者提供了改进和针对性投入，从而更加规范市场规则。

（五）营销广告作用

通过各类数据，能提取有效的资源供给建设方或管理方，有针对性地进行宣传和营销，提高推广渠道。

不断关注营销渠道反馈的信息，能改进营销手段，有方向地进行投入，提高销售效率，在线上线下发挥重要作用。

三、智慧平台行业广泛应用

依托无线网、物联网、GIS 服务等信息技术，将城市间运行的各个核心系统整合起来，实现物、事、人及城市功能系统之间的无缝连接与协同联动，为智慧城的"感""传""智""用"提供基础支撑，从而对城市管理、公众服务等多种需求做出智能的响应，形成基于海量信息和智能过滤处理的新的社会管理模式，是早期数字城市平台的进一步发展，也是信息技术应用的升级和深化。

在平台的帮助下，各个建设方和管理方能够有依有据地进行精准投入，实现高效回报，并能提高管理水平和服务水平。

综上所述，建筑智能化系统的智慧化平台的应用发展，有效提升了建筑智能化运行管理水平，为人们的日常生活带来了极大的便利。因此需要科技工作者与行业人员进一步加强建筑智能化系统的智慧化平台的应用研究，从而打造出更实用、更强大的智慧化应用平台，充分利用现代信息科技推动建筑行业更为平稳、顺利的发展。

第五章　建筑设备 BIM 技术应用研究

第一节　建筑设备中的 BIM 技术

科学技术的进步和人们生活质量的提高，加快了建筑行业的转型与创新，开启了科技发展的新征程。其中，设备工程在建筑行业中占据重要地位，也是不可或缺的一个环节，更是人们日常生活的基本保证。而在建筑设备当中，BIM 技术的有效运用对整个行业的发展起着巨大的推动作用。对此，本节将通过对 BIM 技术的简述及其运用价值的充分补充、总结，分别从设计、虚拟建设、施工以及运行维护等方面，详细探讨建筑设备中 BIM 技术的具体实践运用，并在此基础上提出一些建议，以期进一步优化技术应用，提高建筑工程质量。

从经济发展规律、社会进步历程以及环境生态承载范围等多个维度看，国内经济正处在全面调整阶段，加速了产业的转型与升级。建筑行业作为国民经济支撑的重要传统行业，在这种形势下必然会进行提效增质的转型升级，并将工业化作为切入点。随着信息化、自动化、数字化等先进技术的广泛应用，特别是在大数据时代下，建筑工程项目通过与 BIM 技术的有机结合，利用其节约资源、信息可追溯、高效生产等独特优势，弥补了以往施工过程中的各种不足，不仅提高了资源利用率，还为建筑工业化提供了强劲动力。

一、BIM 技术简述及其在建筑设备中的优势

（一）BIM 技术简述

BIM 技术是建筑行业信息建设的实践表现，通过构建三维模型，将建设项目生命周期内出现的各类信息输入模型，以便于实现对设计规划、生产劳动、项目施工、装潢、监管等重要环节的全程管控。再结合项目每个阶段的具体完成状况来改进模型，最终架

设一个能够充分反应工程项目运行周期的多维模型。借助这种模型收集与整合项目在不同阶段的数据与信息，为专业人员间的协同合作创造良好的工作平台。利用 BIM 技术的三维设计法来代替过去的平面设计图，更加直观地将建筑工程项目的总体状况、各部分之间的联系、详细方法及管线布置等显示出来，便于设计师全面清晰地把控设计节奏，从而保证设计质量。

另外，BIM 技术集成了建设工程项目各个方面的数据信息，建设了一个庞大的数据系统，可为整个工程项目提供全方位、准确的信息。与此同时，BIM 技术还能在设计规划、装潢、监管等环节对工程项目实施全程可视化操作与模拟展示。

（二）建筑设备中 BIM 技术的运用价值

一是进一步提高了设备整体设计和制造效率，对施工设备进行合理调整、操作和维修，延长其生命周期，降低整个施工设备工程的成本，提高工程质量，并提高整个施工设备项目的质量;二是 BIM 技术在现代建筑设备中的应用，主要包括分析管线碰撞设计，提高工程设计的科学性，减少整个施工阶段可能出现的错误，减少或避免不必要的损失，优化整个细节;三是采用 BIM 技术可实现对整个建筑物的协同管理，提高整个建筑物的智能水平，提高通信效率，打破建筑物间的空间限制，尽量避免出现建筑物单位、运营商和业主的矛盾。这些障碍和界限引导三方优化对建筑建造周期的理解，从而提高其在整个生命周期中的应用价值。

二、建筑设备中 BIM 技术的实践运用

（一）设计方面

第一，管道设计。

由于 BIM 技术对管道布置更加敏感，更加精确，可以使设备工程管道中的一些特殊部件表现得更加清晰、精确，因此能够有效帮助设计者节省设计时间和精力。设计人员可以通过 BIM 技术软件，选择任意角度绘制轮廓线，提高设计效率，有效降低施工工艺复杂度。采用 BIM 技术可以使供暖、通风、空调管道清晰、准确，能有效帮助设计人员避免小型管道的技术可以冲突和碰撞，避免设计问题的重新配置和人力资源的浪费，在施工过程中能更好地节约材料，同时提高效率和工程质量。

第二，实体设计。

设备工程系统的设计应充分考虑管道与管道、管道与其他建筑构件、管道与建筑物

之间的距离，减少设备工程施工对整个项目的影响。运用 BIM 技术在建筑模型中展示设备的高度、位置等信息，能清晰、高效地展示设备工程中管道和设备的精确设计，并可以根据需要进行技术交流和结构交流。设计图纸利用 BIM 技术，可以对设计方案进行模拟操作，提前发现设计中存在的问题，并有针对性地进行方案优化。

（二）虚拟建设方面

BIM 技术在不断更新和开发过程中不再局限于物理结构，它在虚拟安装过程中的优越性也十分重要。采用 BIM 技术，对建筑设备安装的各个方面进行严格的虚拟工艺分析，可以防止出现问题，减少对施工人员不必要的干扰，使施工组织设计得到进一步优化。设计者不能把所有潜在的问题都考虑进去，使用 BIM 技术可以简化这方面的工作，帮助设计者进一步研究。用 BIM 技术模拟各种问题的解决方案，在构建过程中对各种解决方案的结果进行虚拟化，然后利用 BIM 系统强大的计算功能寻找最好的解决方案。与此同时，它还能够有效提高设备工程安装效率，为中国建筑行业的发展提供更加有力的保障。

（三）施工方面

建筑设备系统包括购买其他设备和材料，如电气工程、桥梁系统、配电箱、电线和电缆、通风和空调系统、风管材料、风扇、排烟设施、管道以及供水排水系统给水系统附件系等。定量信息的统计是通过 BIM 中的计算技术实现的。与此同时，BIM 技术不仅可以合理安排建筑设备、电器、水暖、灯具、开关、插座以及建筑物的防雷接地安装，还可以建设完善的建筑设备仿真环境工程，尤其是相关专业的管道布置防撞检测，可以节省材料并确保工期，而建筑工人也能观察和感知虚拟环境中的工作情况。虚拟与现实并存，在自然环境中营造出一种氛围，使施工人员可以直观地感受建筑设备的安装效果，同时使观众看起来更加真实。根据三维结果，在施工过程中对施工计划进行优化，并预先考虑可能出现的问题和困难，使施工计划的可行性达到一个新的水平，消除了各种不利因素。利用三维模型，可以在施工过程中更方便地结合传统施工过程，使设备安装和管道铺设更加有序。BIM 技术的使用可以使建筑设备的整体安装更加详细和实用，并确保施工后建筑设备系统的整体质量。

（四）运维方面

在建筑设备系统投入使用后，用户和管理者能够更加直观地掌握基于 BIM 技术的建筑系统。另外，系统还提供了非常方便的维修条件，使用管理也不再受丢失竣工图、隐藏工程或人员调动时交接工作不到位等因素的影响。在系统发生故障时，管理者可以结合三维空间中的现场情况，利用软件中收集到的设备系统的各种信息资源，及时发现问题。特别是在某些隐蔽性工程项目中，BIM 技术的优势更加明显，既减少了运行、监管和日常维护的时间，同时也降低了一定的技术成本。

三、优化建筑设备中 BIM 技术运用的建议

（一）建立 BIM 技术运用团队，提升项目监管水平

为进一步提高 BIM 技术在建筑设备工程管理中的运用价值，建立一支高素质的 BIM 应用队伍，对整个工程项目管理水平的增强具有至关重要的意义。对于 BIM 技术应用团队的管理，一方面，要及时对技术人员进行培训和教育，借鉴其他项目的技术应用经验，进行总结和分析，加强本地化应用，提高人员的专业素质，建立高水平的 BIM 技术应用团队；另一方面，BIM 技术应用管理团队要注重激发员工的创新思维，并能根据工程项目本身，结合技术应用现状，积极改进技术，建立起一套适合施工企业的 BIM 技术应用体系。

（二）创新监督管理制度

在提高 BIM 技术对建筑工程项目监管作用的前提下，创新对 BIM 技术运用的科学监控体系，发现与指出技术运用中存在的根源性问题，并及时改进优化，确保 BIM 技术运用价值得到最大化应用，从而使其能够全程参与建筑工程项目管理。基于技术应用价值的充分发挥，为创新和提高 BIM 应用监管水平，监管部门应更新监管观念，充分认识 BIM 技术应用监管的重要性，组织专家、学者和有经验的人员对技术实施全过程进行深入研究。采用 BIM 技术，根据项目本身的管理目标，比较技术应用的效果。通过结果反馈，探讨综合管理的有效性和科学性。

（三）提高企业实际管理水平

为更好地发挥出 BIM 技术在项目管理中的实际作用，积极贯彻全过程管理思想，从规划设计、施工、运行管理等方面加强管理，充分发挥 BIM 技术在项目管理中的实际应用价值。通过对管理者各方面的有效协调，提高实际管理水平。

BIM 技术在建筑设备系统工程中的应用具有直观、细致、合作、逼真、数据信息全面等鲜明特征，可极大提高设计效率和图形质量，保证工程质量，减少建筑能耗，该方

法在促进现代建筑设备工程中发挥了重要作用。但是 BIM 技术在中国仍处于起步阶段，因此仍然面临巨大的压力和挑战。同时，科技研究人员必须不断加强对国内外先进科技的钻研与探索，以期为中国建筑设备的研发做出贡献。

第二节　BIM 技术与建筑设备管线

随着建筑业的快速发展，我国建筑内电气设备的种类也不断增多，由于设备结构较为复杂，管线交叉现象比较严重，需要通过 BIM 技术进行建筑设备的优化，同时进行设备管线的优化。而我国对于 BIM 技术的应用尚未普及，并且还存在些许问题。下面将针对我国管线优化存在的问题，提出相应的解决方式，希望可以推动我国建筑业的健康发展。

不管是哪一个企业要想在竞争中脱颖而出，都要拥有一个符合时代发展的管理体制，一个好的管理体制是一个企业赖以发展的助推器。而建筑工程就更加需要合理的管理体制，因为建筑工程不仅仅是一个营利性企业，它还是中国经济的主要组成部分之一，能为中国其他企业的发展起到重要的推动作用。我国建筑企业的管线优化尚存在一定问题，并且对于 BIM 技术的使用并不普及，充分发挥 BIM 技术的优势，解决这些建筑问题将会成为接下来我国建筑业发展的关键。

建筑信息模型是建筑学、工程学及土木工程的新工具。建筑信息模型或建筑资讯模型一词由美国人所创，是来形容那些以三维图形为主，与物件导向、建筑学有关的计算机辅助设计。因此，BIM 技术就是建筑信息模型，建筑信息模型是建筑工程信息的汇总，具备高效科学的管理体系，是我国将来建筑工程信息处理的主要方式。

一、BIM 技术对我国建筑工程的重要性

建筑信息模型是建筑学的一种新型信息汇总技术，其通过建立信息技术模型的方法，来汇总这些信息。这种信息汇总方式不仅是我国建筑工程将来的主要方式，更是世界建筑工程信息汇总的主要方式。它具备效率高、操作简单、易于查找等优势，使用它来汇总建筑工程信息，可以更好地运用我国的建筑工程信息，促进我国建筑工程的建设。建筑信息工程技术是建筑企业进行发展建设的核心力量，体现出了 BIM 技术对于我国建筑工程的重要性。

建筑信息模型作为当今建筑工程信息汇总的主流，将会运用到各个领域中。我国的建筑信息模型技术就是模型信息的汇总，这种信息模型技术将会越来越普及，所涉及的行业也会越来越广泛，因此建筑信息模型是一个具有高度发展潜力的新型技术。

二、设备优化对我国建筑的重要性

（一）设备优化的概念

设备优化就是通过提升设备科技，研发新型技术，提高设备的运行水平，这种方式对建设工程来说是非常有必要的。因为建筑工程设施众多，所以设备优化对于提升建筑工程的效率及提升建筑工程企业的经济效益也是十分有必要的。

（二）设备优化对我国经济的重要性

设备优化可以提升我国经济运行的整体水平，提高我国工程项目建设运行的效率。同时建筑工程也是我国的经济命脉，提高建筑公司的效率，也有助于推动我国经济水平的增长。设备优化需要我国引进新型技术，坚持科技创新，走在时代前列。

（三）设备优化对于我国建筑工程的重要性

我国建筑工程主要依赖设备的运行，设备优化可以提升我国建筑工程的运行效率，更好地保证我国建筑工程施工安全、工期目标顺利实现，降低成本与安全风险，同时提高企业管理效率，提升企业经济效益，促进社会和谐稳定。

三、我国建筑设备优化存在的问题

（一）政府对于设备优化的投资不足

设备优化对于我国建筑工程的发展至关重要，然而我国的经济投资较多地投放在征地建设、劳务薪酬等方面，忽视了设备优化的重要性，导致我国设备老化，故障问题频发，危及现场施工质量安全，甚至导致维护成本增加。这不利于我国建筑工程企业的稳步发展，同时也不利于我国经济效益的提升。

（二）智能化发展不成熟

在中国日益加快的城市化进程中，中国的智能化建筑电气节能技术在研究开发以及投入使用过程中依然存在很多不足。例如，智能化建筑电气节能方面因为没有全面有效的协调和统筹，使当前的节能效率与预期效果相差较大。虽然我国在建筑电气化节能方面取得了一定的成果，但是因为缺乏与之相配套的设施，导致实际节能效果与预期相差较大。其次，因为控制方式不合理、控制系统存在漏洞等问题，导致了大量的电能被浪费，所以在智能化建筑电气的设计过程中应用 BIM 技术应遵循环保性、节能性、安全性以及适用性。最后，智能化建筑电气节能技术应以我国现行的设计标准和设计规程为准，按照标准进行设计生产。例如，相关人员在设计供配电系统时，应详细统计分析建筑物用电的总负荷等级以及用电的负荷容量，然后根据相关数据合理地布局变配电所，并且要选用节能型变压器。最好的节能型变压器就是负荷率在 80% 左右的变压器。在选择照明用的灯具和光源时，首先要充分利用自然光，然后再进行照明系统的控制。

（三）我国设备研发广度缺乏

我国设备研发应用的程度不高，一般集中于科技领域，像建筑工程等传统工业运用甚少，这直接导致行业普遍运行效率低下，传统行业的经济停滞不前。由于缺少设备的创新与研究，相关技术依旧处于初期阶段，很难发挥出设备应有的作用和价值，严重阻碍了建筑业的快速发展。

四、我国建筑设备优化存在问题的原因

（一）政府资金紧张

依据当前的产业布局进行详细分析，政府在这方面的投入不足，无法在设备优化上给予大量的资金支持，企业内部也轻视设备优化的重要性。这就导致设备优化的资金紧张，阻碍设备优化的快速发展。

（二）我国教育缺乏相应的设备优化学科

我国的社会文化学科多集中在传统制造业教育，缺少设备优化学科，重视建筑设计、结构设计等方面人才的培养，缺乏操作方面人才的培养，这也是导致建筑设备优化不足的一个重要原因。

（三）设备管理信息不能集成，产生信息孤岛，人工依赖程度高

在项目图纸设计阶段，设备各专业分模块设计并没有集合到一个整体上，信息分布在多张图纸上无法互相关联。因此，当设备出现故障时需要翻阅大量的资料，无法在短时间内找到特定设备的所有信息，导致不能及时、完好地维修设备。设备运营维护管理方式主要是依靠人力填写表格，然后重复录入计算机管理软件中。设备运营维护管理资

料看似完整，但是缺乏交流汇总，造成设备维护时的资料取用困难，无法准确、及时、有效地提供信息，并且时间成本及人工成本较高。

五、我国建筑设备优化的相应解决方式

（一）政府适量调整对设备优化的资金投入

政府加大对设备优化的资金投入，同时优化投资模式，提高经济效益，保证投入产出，从而促进行业良性发展。

（二）优化教育结构，增设设备优化学科

国家把握发展方向，调整教育结构，优化学科设置，提高教学质量。新增设备优化学科，加强师资队伍建设，加大教学设备投资，培养实用型技术人才，促进企业发展、行业进步。

（三）我国加大对设备优化的宣传

加大对设备优化的宣传，确保设备优化能在各个领域发挥积极的作用，同时将设备优化与民用领域结合，真正造福全体人民。加大设备优化在各个领域行业的投入，确保设备优化发挥出其该有的作用。

（四）BIM技术在建筑设备系统工程设计中的应用

（1）利用GIS技术对施工场地进行分析，并解决BIM技术在应用中涉及的现场分析问题。在施工空间建模过程中，应充分考虑施工现场的规划内容。在施工项目的策划中，应充分考虑施工现场的实际情况，确保对施工现场的评价真实准确，从而实现施工现场科学有效的分析。在设计和建筑规划阶段介绍BIM技术在计算机辅助建筑设计中的应用要求，设计中的相关人员可以对复杂的空间结构进行分析和规划，从而节省工作时间，提高工作效率，提升整体工作价值。

（2）示范建筑方案借助BIM模型可以对建筑设计空间进行有效的评价。用户可以通过交互功能及时了解相关信息，并对设计进行合理改进。在平台的实际应用中，应更加重视建设工程相关问题的综合展示，以减少决策过程中所需的时间，从而提高工作效率。

（3）将三维可视化建筑技术应用于模型设计中，设计人员应充分利用三维设计软件，尽可能地展示模型建筑的最终施工效果。通过实际调查，了解业主的实际需求，并在模

型建设中加以考虑。这样投资者才能更好地、全面地了解投资的实际情况。将协同设计应用在计算机辅助建筑设计现代化的过程中，使设计和施工过程更加规范，这对整个施工过程非常有利。三维设计软件对提高建筑施工质量具有重要意义，并且显著提升了建筑业的整体效率，具有很大的促进作用。对虚拟建筑模型设计过程中的建筑性能进行分析时，设计人员需要使用相关的性能分析软件和进口的模型参数进行分析，以保证性能分析的有效性，全面提高施工项目的工作效率和服务质量。因此，在运用辅助设计技术实现计算机辅助建筑设计时，既要保证设计的科学性和有效性，又要科学地分析建筑规划和施工现场的内容，落实建筑设计的实际情况，综合分析使用三维模型的可视化功能构建。

（五）BIM 技术在建筑设备安装中的应用

（1）利用 BIM 技术在过程中对各个部门所需要的模型进行创新，通过相关的三维模型生成图形，以便于在整个现场施工过程中能够完整地运营。

（2）在设计光线中利用 BIM 技术进行排布计划，通过该模型软件所提供的报告进行分析，从而促进整个施工的流程更加顺畅并根据相关的规定和定位对所有结构进行一定的调整。

（3）要利用相关的软件对整个管道的走向和排布进行一定的分析，生成相关的资料图纸，促进整个建筑在安装过程中管道的走向符合整个建筑的施工要求。

（4）利用 BIM 技术进行三维设计，分析整个建筑中所存在的各种各样的问题，注意的技术难点，并尽可能妥善地解决相关问题，以促进整个建筑在施工过程中顺利进行。

（5）通过 BIM 技术的相关特点对整个建筑建立相关的虚拟模型，可以在虚拟模型内部演示施工过程并在整个过程中不断发现和分析施工方案中存在新的问题，并进行一定的解决和改善，以促进整个建筑施工过程的进行。

综上所述，随着时代的发展，科学技术不断进步，互联网技术在人们生活中扮演的角色越来越重要。建筑设备优化当前存在着许多的问题，这些问题多多少少都会对整个工程的进行产生阻碍。只有使用先进的技术，对整个建筑的设计提供技术基础，对以往的问题逐一进行解决，才能够给人们的生活带来越来越好的变化，也才能够满足人们对于建筑设计的需要，进而促进整个建筑设计领域的发展。

第三节　BIM技术与建筑设备管道

当下，BIM已经不是一种狭义的模型或建模技术，而是作为一种全新的工程理念和行业信息技术，引领建设领域规划、设计、施工、运维等一系列技术的创新和管理变革。BIM技术具有可视化、可计算、可分享、可管理、可出图等重要特点。

在建筑设备及管道设计中应用BIM技术，其核心价值是：利用BIM技术，搭建三维模型，创建面向建筑全生命周期的BIM三维可视化协同工作平台，实现项目建设全程可视化、精细化管理。从而实现项目"缩短工期、降低成本、确保质量"的工程目标。具体有以下几个方面。

一、基于BIM技术进行管道碰撞检查

碰撞检查的目的是进行深化设计，避免现场施工因为碰撞打架返工从而耽误施工进度，同时对建筑内部的空间进行最大化合理利用。

传统设计模式在进行建筑设备和管道布置时，是各专业分别进行设计的，尽管各专业在设计时能够遵循一定的规则进行。但是由于专业多、管道类型多，很难做到不打架。即便能够有效避免管道打架的问题，也会造成空间的不必要的浪费。尤其是大型综合项目，建筑结构复杂，功能丰富，涉及通风、空调、采暖、给水、中水、排水、消火栓系统、喷淋系统等管道，以及强弱电线缆和桥架等的相互交叉。如果采用传统的设计模式，无论如何从根本上是避免不了空间浪费和管道打架问题的。

利用BIM技术可视化的特点，可以有效避免上述问题。在各专业完成设计后，将模型进行整合，集成到统一空间，然后利用软件的碰撞检查功能对管道进行检查。例如，在某建筑单层标准层碰撞检查时，检测555个点，需要调整点为385个，需要现场调整170处，节省工程工期12天，费用节省22万元。由此可见，基于BIM技术的碰撞检查，能够切实地为项目节省空间、节省工期、节约投资，效果显著。

二、基于BIM技术的机电安装管线综合优化

利用各个专业的BIM模型，进行碰撞检查后，发现碰撞点，通过调整机电安装的

三维模型，可导出二维平面和三维图形，用于现场指导、现场施工。所以，利用 BIM 技术不但能发现问题，同时也可以解决问题。

三、基于 BIM 技术自动生成预留洞口

管线综合排布后，可以利用精确的 BIM 模型，通过软件导出详细的预留洞口报告，施工人员依据报告，核对模型洞口的标高并调整施工。

四、基于 BIM 技术进行净高检查

管线综合排布后，可以检查限定高度范围内的构件，及时发现结构高度过低或者后续机电施工后净高不满足要求的地方。

五、支吊架安装自动排布

利用专业深化设计软件，能够自动按照管道的走向排布出符合安装要求的支吊架，并且能够自动生成详细的安全验算书。

六、基于 BIM 技术进行可视化交底

传统模式进行技术交底时，需要组织项目参与各方（业主单位、设计单位、监理单位、施工单位）召开会议，通常都是由施工单位提出问题，由设计单位进行解答。由于施工单位拿到的图纸是二维图纸，在短时间内很难从中发现问题，所以技术交底通常都只能提出一些显而易见的问题，对于较隐蔽或技术难度比较大的问题，往往提不出来。这些问题没有暴露出来，就会被带到施工阶段。因此，实施过程中极其容易出现返工，从而造成工期损失和经济损失。

利用 BIM 技术可以进行可视化的技术交底，项目各方在三维设计模型中可以及时提出问题、解决问题。作为设计单位，可以形象地展示施工过程中需要注意的问题及技术难点，利用模型为项目参与各方进行讲解。三维模型更加直观、形象，项目参与各方能够充分理解，从而保证后续施工过程能够顺利进行。

七、模拟建造，尽早确定施工方案

利用 BIM 多维度可视化的特点，对重要施工方案进行模拟。项目各方可利用 BIM

模型进行讨论，调整方案，对 BIM 模型快速做出相应调整，最终确定最优的施工方案。利用 BIM 技术可以对施工过程进行动画演示。模拟整个建造过程，在模拟的过程中尽早发现问题。

八、设备信息管理

基于 BIM 协同平台，在建设过程中，确定好设备供应商并完成安装后，便可以将相关资料录入 BIM 模型，以方便后期管理。在项目结束后，BIM 模型可转交给业主进行后期运维管理。

一是 BIM 标准还不完善。目前国家陆续出台 BIM 技术的相关技术标准，但还不是很完善，由于不同软件平台存在着标准差距，BIM 模型数据交互性差，数据的完整性和复用性不强，数据集成为有效信息依旧需要进行大量的工作。比如在实际工程中，设计单位做好的 BIM 模型无法交付施工企业进行施工，施工企业又按照自己的标准重新建模，从而造成数据不流动，浪费严重。

二是数据共享和传递有一定问题。由于业主、设计、施工、监理各方利益出发点不一致性，因此建立开放透明、数据有效传递的 BIM 环境，仍需要进行大量的协调工作。可能由此产生 BIM 模型产权纠纷、数据重复录入、数据错误率较高等一系列常见问题。因此，要想让 BIM 模型发挥最大的价值，就要进行充分的协调，项目参与各方取得最大的共识、共同努力才能实现数据有效共享和信息的畅通传递。如今，仍然有很多应用 BIM 技术的项目还停留在模型可视化、提升沟通效率和碰撞检查发现图纸错误等比较初级的层面。

三是设计单位提供的 BIM 模型仅停留在设计阶段。在应用 BIM 技术完成的设计项目中，BIM 模型不仅仅用于解决设计层面的问题，其所建立的数据模型是应用于日后项目参与各方工作全过程的基础模型。因此，BIM 模型的建立要考虑后续现场的施工管理，包括进度、成本、质量、安全，甚至后期的运维。作为设计单位不仅要在设计阶段提供数据模型，在后续施工过程直至项目结束都要参与模型信息的完善，与各方积极配合直至完成项目竣工模型。而项目参与方的监理单位、造价咨询单位、施工单位等，也应有十分明确的分工。

四是设计单位对 BIM 技术的投入不足。设计单位如果全面转型成为以 BIM 模式作为主要设计工具，进行业务流程管理，就需要对于公司内部做一定的转变，如人力的重新配置、设计流程变更、软硬件设备添购等，这会导致公司短期成本大量增加。设计单位要清醒地认识到 BIM 技术在建筑设计上的全面应用是必然趋势，从长远上来考虑，应在人员配置和软硬件购置上提前做好打算，制订合理可行的 BIM 技术应用计划，让BIM 技术真正落地。

BIM 技术自身有其无可替代的优越性，成为未来建筑行业主流发展趋势已经不言而喻。随着 BIM 技术的不断完善与成熟，其必将在整个建筑行业得以全方面的应用。利用 BIM 技术在建筑设计中进行设备和管道设计，能最大程度地提高设计的完成度，增加设计的附加值，最大程度地指导施工，充分体现出设计思想；在节省建设成本的同时，还能建造出更加完美的建筑。

第四节　BIM 的建筑设备节能技术

近来，我国在一年之中的房屋建造总面积在世界处于领先地位，但是，旧的建筑大部分都是高能耗的，而新的建筑也有很大比例属于高能耗，有数据表明仍然达到90%以上。由于人们物质生活水平的提高，每个住户的家电设备也越来越丰富，比如空调的使用已经越来越普遍，这就使夏季用电高峰问题凸现出来。由此可见，能源的消耗量越来越大，能源短缺已成为全球性的问题，节能化建设已成为国家发展的重要战略方向，在能源消耗加剧的形势下，建筑的节能设计成为当务之急。建筑节能设计是建筑工程师面临的新挑战，也是对建筑工程师设计能力的考验。在互联网技术的发展下，数字技术、信息技术和人工智能技术正蓬勃发展，以 BIM 为技术核心的各种建筑设计类 3D和 CAD 软件发展得越来越完善，在建筑节能设计中对能量进行自动化和智能化的分析，为绿色建筑的发展理念提供了技术支撑。

BIM 技术就是建筑信息模型技术，以三维数字技术为重要基础，汇集了建筑工程项目各种相关信息的工程数据模型，通过清晰的数字信息将工程项目表达出来。一个技术成熟的建筑信息模型，能够分析出建筑设施整个生命期每个阶段的数据信息、资源消耗，能对工程项目进行完整的表述，使参与建设的各个施工方都能够普遍使用。BIM 技术通过将数字信息以一定的方式组合排列，模仿并呈现建筑物的真实数据信息，这些数据信息既可以是规则的三维几何形状，也可以是不规则的信息，比如建筑结构建设的原材料、重量、价格和施工进度等。BIM 技术的工程数据源是单一的，可以有效解决分布式和异构工程数据之间的一致性和全局共享问题，创建、管理和共享动态的建筑工程生命期信息。建筑师运用 BIM 技术建造一个虚拟的建筑模型，具有建筑材料和构件特征的信息，可以看作是包含所有建筑信息数据的电子数据库。在所构建的智能化建筑模型中，建筑师可以随意地导出平面、剖面、立面以及各种结构的详细示意图，还有建筑材料数据、工程的预算报表、施工进度等。

一、我国建筑节能设计存在的问题

（一）没有形成建筑节能设计理念

随着我国国民经济的迅速发展、人们物质生活水平的显著提高，各个行业都发生了全新的变化。对于建筑行业来说，为了新时代建筑发展的更深层次改革，党和政府一直在提倡绿色建筑、循环建筑的发展模式。因此，我国的许多建筑设计师逐渐重视起在设计过程中应用绿色节能的设计理念，但是，绿色节能设计理念在我国起步较晚，在许多方面还存在着不足，处于萌芽状态，相关的工具技术还比较落后。一些建筑设计师为了及时完成项目设计任务，经常直接使用已有的技术，缺少对建筑实际情况的调查研究，没有创新意识和开发新技术的动力，影响了建筑节能设计的发展。

（二）建筑节能设计效果不理想

传统的建筑设计比较注重建筑的外观表现和功能的多样化，在节能设计方面缺少科学性、合理性，往往不具有节能的作用。在建筑设计的最初阶段就开始进行节能设计，选用最佳的节能设计方案，以为能达到预期的节能目的，但结果往往造成更多的人力物力资源的浪费，没有使资源得到充分的利用。目前，建筑设计师常用的节能设计技术都是借鉴已有的技术，对其是否具有节能作用、是否绿色环保、是否经济没有详细的分析研究，这也使建筑的节能设计名不副实，达不到节能的效果，所以，节能建筑无法在生活中得到广泛应用。

（三）建筑设计师专业水平不高

随着新时代互联网技术和信息化技术的不断发展，各种各样的现代化科学技术应用到我们的日常生活和工作中，而建筑节能设计的技术手段已不仅仅是传统的以 CAD 设计为主的 2D 模式。技能设计技术正趋向多元化发展，在输入方式上，也从手工输入向以专业软件为主的自动化输入转变。由于设计软件和应用工具的技术原理越来越复杂精密，因此要求建筑设计师不断提高自身的专业素质和技术水平。但是从目前的建筑行业发展状况来看，许多建筑设计师仍停留在对建筑的单一设计上，不具备建设工程的总体能量分析能力，这就使能量分析往往只起到辅助性的作用，没有发挥出在整个建筑节能设计中应该有的作用。

二、BIM 技术在建筑节能设计中的应用价值

在建筑节能设计中，BIM 技术可以有效实现建筑节能的目的。BIM 技术的作用主要体现在碰撞检查、精确施工和计划协同等几个方面。当建筑工程师和设计师在进行一些复杂环节的建筑节能设计时，经常分析不出二维蓝图中所产生的冲突问题，导致在施工过程中，每一个工程环节都可能因突发碰撞问题而达不到标准，这时就需要对建筑节能的设计方案进行改进或重新设计。在此期间，会额外增加施工的损失，不仅浪费材料，还会损失机械台班，出现窝工现象。如果在进行建筑节能设计中加入 BIM 技术，创建全面的建筑信息模型，可以让软件系统自动进行碰撞问题的检查，即便存在全碰撞问题也能够检测出来，为建筑设计师分析出准确的碰撞检查数据。据此可以得出最有效的解决措施，避免在施工过程中由于碰撞造成不可挽回的损失。

在制订施工项目计划时，传统的人工预算方式不能保证预算的准确度，同时耗费了大量的时间成本，计划出现问题也会使资源造成不必要的损失。在建筑节能设计中应用 BIM 技术可以使施工计划和施工过程更加科学精确，优化了施工质量和效率，避免了资源的浪费。在制订施工计划前，利用构建的施工模拟系统，可以精确地分析出建设过程中所需要的资源和设备情况，最大限度提高资源的使用效率，减少资源的消耗。

在建筑节能设计过程中，由于工程内容过于复杂，再加上临时组建项目团队，会对工期造成很大的延误，导致经济损失和资源浪费。而应用 BIM 技术可以实现信息数据的共享，使整个项目团队都能获取精确的数据信息，与此同时，在 BIM 模型上直接进行节能设计和数据计算可以避免设计师的重复建模，使设计效率提升，协调项目各个环节的工作秩序，减少从设计到施工阶段的时间。BIM 技术的核心功能是通过对建筑模型的三维设计获得工程信息资源和所有相关的设计数据，在整个施工过程中能够随时输出项目设计内容、工程进度以及计划调整的信息，而且这些信息是完整准确的，具有很高的质量，可以实现对整个建设工程的调控。

三、BIM 技术在建筑节能设计中的具体应用

（一）BIM 技术在参数化设计中的应用

对于 Revit 模型来说，在建筑模型中有多种多样的信息表现形式，比如二维视图、三维视图、明细表等。在 Revit 模型中进行参数化修改时，为使模型维持正常的运行，在对二维视图、三维视图、明细表进行仔细修改后，还要更新修改的信息。比如，在进行平面设计时加入建筑技能设计，为保证整个环节的设计质量，需要对喷头和消防栓设施进行科学的设计。当这些设备数量和类型有变化时，材料表中的记录信息也要及时修改。在建筑节能参数化设计中，利用 BIM 技术可以很方便地获得需要的数据信息，在其他设计软件的辅助下，实现节能设计的高效化。比如，在给建筑的给排水环节进行节能设计时，需要借助相应软件进行水力计算，使用 BIM 技术可以直接获取卫生器具和给排水设备的信息，实现管道在管道水力特性设定的条件下自动进行管径参数的修改，从而达到设计优化的目的，既减少了参数修改的难度，又精简了修改过程。

（二）BIM 技术在安装模型设计中的应用

在建筑节能设计的安装模型中应用 BIM 技术，可以指导建筑工程设计的进行。利用 BIM 技术，将时间维度引进来，把安装进度表编制到安装模型设计中，通过模型的作用实现建筑工程的预先可视化效果。在安装模型设计中应用 BIM 技术，可以做到对全局的规划，使工程进度表的编制得到科学的保障，实现安装和设计流程的简化，降低设计过程的变更率，进一步保障施工效率。

（三）BIM 技术在协同设计中的应用

在建筑节能设计中，BIM 技术可以使建筑信息模型的构建更加科学合理，直接读取建筑工程施工信息。比如，可直接获得水泵的规格、水泵的功率等所有相关的建筑施工信息，实现信息的共享。当水泵电量被修改后，BIM 技术的协同作用就可以使负荷计算得到同步更新。所有的项目只在建筑模型中就能够完成工程的检查操作，精简工作程序，促进建筑节能设计的联动性。此外，BIM 技术的应用需要在 BIM 模型中进行相应的设计工作，只要建筑设计师对节能设计有所改动，改动信息就会在整个系统内及时更新，使所有使用者都能够及时了解修改信息，也能让设计师之间的沟通研究更为紧密，充分发挥出协同设计的作用。

（四）BIM 技术在可视化技术中的应用

在新时代的绿色建筑工程中，BIM 技术对给排水工程的设计有很大意义。在给排水工程设计中应用 BIM 技术，可以通过信息模型获得准确的信息数据，使信息传递的失真率大大降低，保障了信息传递的完整性。给排水工程的设计模型与土建工程有一定的差别，建筑工程中的给排水信息模型是以土建模型为基础进行改变设计的。在这个环节中，要对局部的设计模型进行相应的修改，就会影响楼层的平面设计环节。为了将这种影响降低，建筑设计师一般都以楼层作为基础进行进一步设计，但这也会使系统内部的联系变得不通畅。而 BIM 技术模型可以有效地解决这一问题，在设计模型中实现修改操作，既能保障给排水系统内部联系的完整，还能精简修改程序。

我国国民经济的飞速发展和生态能源的保护出现了严重的失衡现象，而建筑业表现得尤为明显。虽然 BIM 在建筑节能设计领域的应用还没有得到普及，但是在大型复杂结构方案的设计中已经有所应用。在优化建筑的性能设计时，在项目建设中，通过 BIM 技术制定科学的施工路线，模拟在建设中可能会出现的突发状况，进而可以提前做好准备措施。在绿色建筑节能设计上，可以将 CAD 技术和 BIM 技术结合起来，充分确保绿色建筑设计的科学性和合理性。把 BIM 技术直接运用到相应的能耗分析软件中，可以使每个施工环节都能方便地得到分析数据，随时对设计方案进行调整。随着 BIM 技术的不断发展和完善，BIM 技术将在建筑节能的设计上发挥越来越重要的作用，进而促使建筑业发生根本性的变革。

第五节　BIM 技术与建筑消防设备

建筑消防设备是建筑中的基础配套设施，一旦发生火灾，只有应用完好有效的消防设备才可以保证消防战斗顺利进行，保证人民生命财产免受火灾的威胁。国家质检总局和中国国家标准化管理委员会于 2010 年 9 月 26 日联合发布国家标准《建筑消防设施的维护管理》（GB 25201—2010），目的就是引导和规范建筑消防设施的维护管理工作，确保建筑消防设施完好有效。传统的消防设备的运维管理是基于二维 CAD 图纸进行的，管理记录也是以文档形式保存的，导致最新的消防设备信息很难进行提取，无法对消防设备进行及时的养护和更新，日积月累，建筑就会存在消防安全隐患。住房城乡建设部在印发的《2016—2020 年建筑业信息化发展纲要》中提出了全面提高建筑业信息化水平的发展目标，明确了 BIM 技术在建筑业信息化进程中的重要地位。文章尝试将 BIM 技术应用于建筑消防设备运维管理，旨在提高我国建筑消防设备运维管理的信息化和可视化水平。

一、BIM 技术与建筑消防设备运维管理的适用性

（一）BIM 技术的应用特点

基于 BIM 技术建立的三维模型，其核心是三维模型中携带的集成了建筑全生命周期所有信息的大型数据库。该数据库的存在方便信息在项目全生命周期的各阶段和各参与方之间进行无缝传递和信息共享。基于 BIM 技术的三维可视化模型彻底摆脱了二维资料带来的烦琐、低效等问题，建筑的全部构件（包括消防设备）都是以三维的形式存在的，而且极其接近现实实体，为项目的各个参与方提供了建筑和设备模型的可视化操作平台，既方便掌握建筑状态的实时更新，又方便各参与方之间的交流和沟通。

（二）BIM 技术在建筑消防设备运维管理方面的优势

BIM 技术凭借其信息集成、共享、可视化等特点，在建筑消防设备运维管理中存在以下 3 个方面的优势。这些优势决定了 BIM 技术与建筑消防设备运维管理具备很强的适用性。

（1）消防设备信息的集成。信息化时代，在堆积如山的资料档案中查找消防设备信息的方式注定会被淘汰，而信息化的管理方式使管理人员在一个数据库中就能得到消防设备的完整信息，BIM 技术可以实现这一数据库的形成。基于 BIM 技术建立的建筑模型中携带的大量信息数据不是一成不变的，会随着项目的推进而不断更新和完善。以建筑消防设备的信息数据为例，与建筑一样，建筑消防设备同样体现全生命周期的特点，包括设备采购、设备安装、设备运营（保养或维修）、设备报废 4 个阶段。每一个阶段都会产生新的信息数据，这些变动的新数据会及时对最初的模型数据库进行更新补充。

（2）消防设备信息的共享。以上提到的集成数据库会应用于各个参与部门，比如消防设备运维管理部门、消防部门等。BIM 技术可以为各方提供信息化共享平台，有效避免了信息传递效率低下、传递过程中信息丢失等问题。下面以火灾发生时的救援信息传递为例来说明信息共享的必要性。一旦出现火灾，救援信息需要传递给消防设备运维人员、消防部门以及前来支援的消防官兵，而传统的信息传递具有明显的层级结构，从而使本来就极短的救援时间被信息的传递和获取而浪费。有了 BIM 信息共享平台，信息

的传递路径将大大缩短，使救援工作能够顺利开展。

（3）消防设备信息的可视化呈现。传统的消防设备运维管理是基于二维的 CAD 图纸，管理人员在工作中需要将二维图纸或文档资料转化为三维空间的思维理解过程，这势必会影响工作人员的工作效率甚至工作质量。而基于 BIM 技术的三维可视化模型可以使建筑消防设备的布置和外观直观形象地呈现出来，虽然是虚拟三维模型中的设备，却可以保持与实体的一致性，并能快速定位、实时查看。这种可视化展示的特性，大大减少了二维资料查阅的出错率，提高了索取消防设备信息的准备性，同时使设备信息的查阅更加快捷、直观，维修人员对消防设备的维修保养工作可以顺利开展，大大提高了运维管理的效率。

二、BIM 技术在建筑消防设备运维管理中的应用

（一）建立 BIM 模型，形成可视化操作平台

利用 BIM 软件可以创建集成丰富信息的 BIM 模型，当今应用最为广泛的 BIM 软件是 Autodesk 公司研发的 Revit 系列软件。分别在 Revit Architecture 和 Revit MEP 中建立项目的建筑模型和机电模型，采用参数化建模的方式，将各专业最终的建模成果进行有效整合，形成可视化操作平台，使建筑设备（包括建筑消防设备）放置在建筑模型的对应位置，即使在虚拟的建筑环境中，设备也能展现出与实际一致的可视化效果。建筑消防设备的可视化，方便运维管理人员对设备的快速定位和查看，而参数化建模的方式可以使消防设备携带信息，有利于运维管理人员更加快捷高效地开展维护工作。

（二）建立建筑消防设备运维数据库

建立消防设备运维数据库的目的是为消防设备的运维管理提供所需信息。上述整合后的 BIM 模型中已经包含了消防设备的基础数据，比如安装部位、购买厂家、设备型号和尺寸等，这些是消防设备的静态信息。在设备的运行过程中，必定会出现新的信息，需要对静态信息进行补充，比如设备的日常保养信息、维修信息以及保养和维修发生的成本信息等，这些是消防设备的动态信息。静态信息与动态信息整合后便形成更加全面详尽的消防设备运维管理数据库，该数据库可以为运维管理人员提供所需的信息，有利于高效率、高精确度的信息化管理。

（三）建立建筑消防设备运维管理平台

之所以要建立消防设备运维管理平台，是因为在消防设备的整个寿命周期内会源源不断地出现海量的数据信息，查找、利用有用信息既费时又有失精确性，造成运维管理人员工作低效，因此，需要建立起一个合理的消防设备运维管理平台帮助运维管理人员处理这些繁杂的信息。该平台是基于两大模块实现的，即可视化 BIM 模型和消防设备运维数据库。平台从 Revit 软件中将基础静态数据导出至 ODBC 数据库，因为静态数据数据库需要及时补充更新，所以利用 Revit 软件的插件 Revit DB Link，该插件可实现数据库中的数据同步更新到 BIM 模型中，保证了 BIM 模型和消防设备运维管理数据库之间信息的关联以及平台信息的不断更新。

本节在研究 BIM 技术与建筑消防设备运维管理适用性的基础上，从建立可视化的 BIM 模型，到建立消防设备运维管理数据库，再到建立消防设备运维管理消防平台，深入探讨了 BIM 技术在建筑消防设备运维管理中的应用。研究成果既能应用于运维阶段的消防设备管理，提高管理效率，又能够用于火灾事故，提高救援效率。

第六节　建筑机电工程设备与 BIM 技术

改革开放之后，我国经济飞速发展，迎来了社会主义市场经济的大飞跃。同时在第十八届三中全会召开之后，我国的改革开放也有了进一步的加深，城市化进程越来越快，人们对于楼房的需求越来越多，生活水平也有了质的飞跃，这就让与建筑相关的机电产业逐渐火热起来。本节将以建筑机电工程设备安装技术与 BIM 技术的实际应用为重要依据，分析机电施工过程中存在的设备隐患以及如何顺利完成机电工程设备的安装。

机电工程设备在建筑中的合理运用，能够极大地提高建筑施工的效率以及质量。为此，我们将介绍如何在建筑机电工程中安装和应用 BIM，并分析 BIM 所具有的优势。

一、机电工程设备安装技术存在的不足

（一）权责不对等，缺乏配合

机电工程设备的安装本身就是一个非常大的难题，虽然目前很多工人都已经积累了较多的工作经验，但是在安装过程中依然会频繁发生事故，这是因为机电工程设备安装

的过程极其复杂，而且对于外界因素的考量十分大。如果一个单位在机电设备安装之前没有仔细考量四周的环境，并且没有与所有人进行良好的沟通，那么在安装过程中就会造成权责不对等以及不知道谁干什么的情况。这样下来，在复杂的安装特性的前提下，加上复杂的安装环境以及外界因素的影响，机电设备的安装将很难顺利合作，再加上管理层面的疏忽，很多施工人员的职责划分不清，因此造成了机电设备安装的困难。

（二）机电工程设备问题频发

很多经验不足的工作人员在遇到机械故障和电气故障两种机电安装设备普遍存在的故障后，没有及时进行抢修，错过了最佳检修时机，从而导致整个机电设备停工，再也不能使用。机电工程设备是很容易发生故障的，其中出现最频繁的就是电气故障。电气设备需要很专业的维护及检修，如果错过了检修期，电气设备将很难继续进行工作，从而降低工作效率，严重影响施工的正常进行。

二、优化机电工程设备安装技术应用的具体方法

（一）加强沟通是解决技术难题的关键部分

成功的工作离不开整个团队的合作与沟通，要想提升机电工程设备安装的质量与效率，首先要做的就是加强整个团队的沟通与合作，在管理部门的协调下，权责对等，让每一个部门都有自己明确的职责，各个技术部门之间要有良好的沟通。施工之前在保证良好沟通、科学分工合作的前提下，各个部门统一协调，即可有效解决机电工程设备安装这一难题。需要格外注意的是，每一个部门与整体机电设备的安装都是紧密相连的，任何一个部门在安装过程当中出现了问题都会导致整个机电工程设备无法安装。因此科学地规划安装任务，仔细规定每个部门的权责，制定科学合理的安装方案，才能够保证施工工作有条不紊、井井有条的进行同时可以采取奖励与惩罚制度，让机电工程设备安装有一个科学的团队，进行科学合理的安装，既能保障安全，也能保障施工团队的合理运作。

（二）选取的机电设备要适当才能实现科学安装

好的设备也是安装成功的关键。除安装团队的管理权责对等、科学合理的施工方案管理制度的优化升级、维护检修的合理性之外，还要选择符合实际情况的机电设备，同时机电设备也要符合安全标准。除了满足实际需求，机电设备也要具有良好的质量、合

理的价钱以及一定量的性价比。在安装之前，工作人员可以通过合理的测量进行细致的估算，把误差降到最小，从而挑选出体积大小最符合工程所需的机电设备。

（三）对整体工艺进行优化

在机电工程设备的协调安装当中，一个优化的工艺对于整体机电设备的安装将极为有利，可以决定施工当中机电设备安装的质量；而一个糟糕的技术，往往会让整个机电设备的安装变得棘手。工作人员可以采取记录的方法对每一次的工艺进行记录，如果这一次没有达到理想的效果，那么可以记录下来以便下次进行改正。对于一些不足的地方可以进行美化，在下次安装时再进行记录，这样好的工艺就会被保存下来，出现问题的几率就会降低，并能很好地保证施工工艺的质量。另外，对于不同的施工情况以及不同的工作人员，要进行不同的指导、合理的规划，使机电设备在安装过程中能够顺利进行每一步，同时记录好良好的工艺，让整体的工艺有所优化，这样以后再安装机电设备时，就会更快、更符合标准、也更高质。

三、BIM 技术如何应用于建筑机电工程安装

（一）管道碰撞检查

BIM 技术是解决施工人员工作中产生的不同矛盾的技术。这个矛盾不是指工作人员之间的矛盾，而是指技术上的矛盾，比如管道碰撞这样的问题。BIM 技术通过合理的管道检查及场景检测，能够及时地对整个施工单位不同部门之间的合作进行检查，对于工作中发生的问题及时处理，及时提醒施工团队予以注意。因为技术人员的水平参差不齐，所以很容易产生不同的技术方面的矛盾。可能这个部门安装得很好，但是下一个部门工作时就出现了问题。BIM 技术能够检测出这些问题，帮助团队尽快发现并解决问题，一定程度上降低了问题的发生率，也减少了机电设备的损失。BIM 可以通过计算机图像对整个机电安装设备的过程进行模拟，从而让管理层很快发现整个机电安装过程中存在的问题，进而采取合理的措施，对整个安装过程进行优化。

（二）三维可视化交底及指导

BIM 技术最大的好处是能够提供模型。在整个机电设备的安装过程中，能够事先提供一个良好的模型，并进行效果预测，这种数据可视化的模型让工程单位的施工变得得心应手。通过三维模型的展示，施工单位对整体施工过程中哪里会出现问题、哪里有困

难有一个整体的了解，并且可以通过一系列的改进让整个建筑工程当中机电工程设备的安装有了合理的保障以及事先预知的效果。此项技术的应用让施工之前的准备工作更加充分，更加具有直观性。

四、BIM 技术所具有的优势

（一）全面的建筑信息

BIM 通过技术模型以及三维立体化动画，让现代建筑工程施工中机电工程设备安装的很多部门之间合作更加紧密。BIM 的作用在于提供信息，庞大的信息量是 BIM 所具有的特点，这对于传统信息采集过程当中无法触碰的点是一个帮助。另外，BIM 能够对巨大的信息库进行整理、结合，建立起合适的三维模型。这个模型能够根据所有的设备型号、厂家及成本信息，构建出一个合理的风险规划及成本规则，既方便相关管理部门节省成本，又能给施工单位的团队合作带来一定的帮助，降低误差，提高工作效率。

（二）工程结构立体化

BIM 技术从整体上来说是一个三维的技术，三维技术的优点在于其改变了传统的二维技术带来的不足。BIM 技术能够根据模拟实际施工情况建立科学的三维动画场景。这样，整个施工过程就会被提前预知，哪里会出现问题、哪里有复杂的技术设备、哪里存在安全隐患，一目了然。这样，在整个施工团队的工作开始之前就可以进行风险预测及成果预测，有助于提升整个施工团队的工作效率和工作质量。工作中非常重要的一部分是相关部门及相关人员之间的合作，这个合作会产生巨大的信息量，而 BIM 技术通过可视化的信息操作可以直观地将施工过程用计算机图像显现出来，这样一些技术问题和安全隐患就会被施工团队记录下来，避免在以后的施工过程中产生类似的问题，这也在一定程度上有效避免了安全事故的发生。所以，三维技术相对于传统的二维模型来说具有明显的竞争优势，值得整个工程团队推广。

本节对 BIM 技术在机电工程设备安装中所体现出来的显著作用加以分析，并提出了保证机电工程设备顺利安装的解决措施：保证在整个机电安装过程中整体部门的协作；提供全面的建筑信息以及对于立体化模型的预测；在优化工艺的基础上，沟通好各个部门的工作情况；科学购买合适的设备；对误差进行合理的改正。这在一定程度上可以保证整个建筑工程的顺利实行并提高工作质量。可见 BIM 技术的应用，可以极大提高机电工程设备安装的效率与质量，值得广泛推广。

第六章 BIM 技术与建筑设计

第一节 BIM 建筑设计的特点和应用

BIM 技术的应用可以帮助建筑施工单位进行施工，为施工提供更为精准的科学依据，构建一个信息化的建筑模型，其不仅仅是一项施工技术，更是建筑行业的重要工作流程。建筑施工单位需要探究 BIM 技术的优势，将施工设计方案和 BIM 技术更好地融合在一起，使其成为设计的重要组成部分之一。该技术的核心就是数字化技术，在计算机上构建出一个虚拟的三维建筑设施施工模型，其模型构建和实际的建筑设施具有高度的一致性，各类数据信息的相似程度比较大。该三维建筑设施模型会使其建筑工程项目所涉及的信息集成化内容变得更加丰富。BIM 技术的应用范围比较广，不仅可以应用在建筑设施结构的设计内容上，还可以应用到工程工序上，让 BIM 技术可以在建筑行业发挥最大效用，科学合理地管理好建筑设施的施工过程，延长该建筑设施的使用寿命。

一、BIM 建筑设计的特点

首先，BIM 建筑设计具有一定联动性。BIM 软件在应用时，需要建立一个模型，其模型要涵盖多层面的数据信息，包含施工图纸以及施工材料价格表等。其次，BIM 技术采用 5D 管理模式，能够构建出一个 3D 效果的施工模型，这种构建方式会在一定程度上减小误差，降低其文档的错误率，节省施工成本。再次，BIM 所构建的建筑模型信息具有一定的真实性，相关的设计人员要从多个角度考量其建筑施工所涉及的数据内容，通过 BIM 技术的应用为开发商等人员提供一个可视性较强的图形，以便于各个工程项目的参与人员进行沟通，商讨对策。BIM 技术可以对日常紧急状况进行预处理。BIM 及与其配套的各种优化工具能对项目进行尽可能的优化处理，利用模型提供的各种信息来优化。建筑设计图＋经过碰撞检查和设计修改＝综合设计施工图，如综合管线图、综合结构留洞图、碰撞检查侦错报告和建议改进方案等实用的施工图纸。BIM 可以提供工程全部信息，将项目各阶段的主要参与方集中，做出项目空间三维复杂形态的表达。虚拟建筑样机提供建筑物精确的空间关系和数据，与其他 3D 建模不同，根据 3D 模型自动生成和更新各种图形和文档，自动协调更改关联的信息来进行信息共享。当建筑工程中设计对象参数被修改时，另外设计该对象会自动进行更新来实现数字化设计和高效化设计。在 BIM 技术的带领下，可以高效开展虚拟化的施工，以计算机上的数据信息为基础构建模型，预测出该建筑设施在实际应用中可能出现的问题，建立起的模型能够在实现实际施工之前对建筑工程功能可能存在的问题和建筑施工难题等进行预测，其中包括建筑工程施工的方法验证、施工技术方案的模拟以及施工方案的探讨和优化等。其实，BIM 能够引导建筑信息科技达到更高水平的新技术和新理念，如果得到全面的运用，便能够为建筑行业的信息化发展带来无法估量的影响和进步，进一步提高建筑项目的科学性和有效性。

二、BIM 建筑设计的应用

（一）复杂形体

BIM 技术在一些地质状况较为复杂的环境中发挥着极大的效用。利用 BIM 技术可以收集并整合复杂形体类型的建筑设施中所涵盖的数据信息，并对其数据内容进行验证，开展多维曲线的设计工作。建筑设计人员要发挥出自身的创意，灵活地展示自己的构思，让人们能够直观地观察建筑设计，从而不断提升其设计的效果以及质量，升华建筑设计工作。除此之外，将 BIM 技术应用到建筑工程的设计流程中，可以简化建筑施工项目，将结构较为冗杂的建筑项目分化成单独的单元结构，建立三维模型，对其模块等进行修整，完善其模块的内容，从根源上减少建筑设计工序中所存在的误差。

（二）消防性能

近些年来，我国建筑设施的楼层高度以及规模正在不断扩大，一些超大型建筑设施开始涌现。在对这些超大型建筑设施进行设计时，如果仍旧采用传统的设计理念开展消防设计工作，那么该建筑设施的消防性能将无法达到我国所制定的消防标准。利用 BIM 技术，可以优化该建筑施工的消防性能，让其消防设计方案更具科学性。比如，精准地计算出毒气的扩散时间以及范围，对建筑设施施工材料的耐火性进行综合考量，合理地设计好人员疏散的距离，模拟疏散方案，从而保障人身安全。

（三）综合管线

随着我国建筑设施规模的扩大，其设施内部的管线分布也开始变得复杂起来。在开展建筑设计工作的过程中，需要格外注重综合管线的设计，尽可能地防止其管线出现交叉以及相撞等不良现象，提升该建筑设施的施工质量。我国传统的建筑设计对于管网设计的重视程度较低，常常使用人力目测的方式开展检测工作，这种检测方式具有极强的单一性，其设施内部的管线很容易出现混乱掺杂的现象。使用BIM技术，可以有效避免管线产生相撞的现象，同时还会强化管网的检测性能，可以更为直接地观察其所构建的建筑管网模型。检测系统能够自动检测管网的设计，标注出管线出现交错的位置点，优化了管网的检查工作流程，也提升了管网设计的水平。

现阶段，BIM技术已经被广泛地应用在我国的建筑施工项目中，其所取得的效果也十分显著，该技术的应用在提升建筑设施自身性能的同时，还会给建筑施工单位带来一定的经济收益。对此，建筑施工单位需要对BIM技术进行更为深入的研究，找到影响BIM技术应用的因素，综合性地考量这些因素，制定出合理的施工方案，让BIM技术可以更为合理地融入建筑工程项目中，处理好对线段以及弧线等的问题，强化施工人员的BIM技术水平，提升整体建筑设施的施工质量。

第二节 BIM 建筑结构设计

目前，BIM已经广泛运用到建筑行业中，基于此，针对BIM技术在建筑结构设计中的应用情况进行分析研究，对于促进该技术的进一步推广应用具有重要的实际意义。

一、BIM 技术的特性

（1）参数化设计灵活。BIM平台在运行过程中主要依靠数据信息进行建筑模型的建立。从设计角度出发，其实BIM平台就是一个不断向模型中增添设计数据的过程。因此，可以将BIM平台视为一个参数化设计过程，即在数据信息的驱动下进行建筑结构设计，并且不同数据信息之间还存在紧密的关联性。设计人员针对其中的数据信息进行修改时，与之关联的数据信息也会立即随之发生变化，最终的三维图形和二维施工图形都会得到对应的调整。

（2）可视化程度较高。在利用BIM技术进行建筑结构设计时同样需要在建筑方案的基础上实施，在得到初步设计结果后，建筑结构师就需要对建筑结构图及其平面图的整体设计效果、截面设计尺寸等做出初步判断。然后结合 BIM 平台强大的可视化功能从建筑结构模型中获取重要的结构设计信息，并将这些重要的数据信息运用到后续建筑结构设计中。与此同时，提取出来的重要结构数据信息还能够根据具体情况来修改，且修改后的结果可以马上以可视化的形式显示出来。完成建筑结构设计后，还需要进行大量的精确计算，然后才可以导出结构施工图。同时，建筑结构模型以及对应的施工图还需要专业的建筑设计师对其进行优化，通过优化进一步提升建筑结构设计的可施工性。

二、基于 BIM 的建筑结构设计分析

下面结合具体案例来分析基于 BIM 的建筑结构设计。某建筑工程项目属于是商业建筑，共有六层，地下和地上分别为一层和五层，建筑总面积为 34 678 m²。为了在最大程度上提升该商业建筑项目结构设计的科学性以及施工质量，确保其能够满足预期设计目标，使用 BIM 技术对该商业建筑结构进行设计。简而言之，本建筑工程项目结构设计中 BIM 技术的应用主要有下述几点。

（一）BIM 在建筑结构设计协调中的运用

建筑结构设计中运用 BIM 技术时同样需要大量的实际数据信息，将这些数据信息输入平台才能构建建筑结构模型。为了确保建筑项目设计和施工质量，建筑设计人员需要考虑具体情况，针对建筑信息模型中的有关参数信息实施简单的调整与处理。与此同时，还需要将模型中的有关数据信息输送给相关人员，目的在于帮助相关人员更好地理解这些信息。可以通过中间数据对数据信息实施处理，进而实现建筑结构设计的完美协调，帮助不同建筑设计人员进行沟通合作。

（二）基于 BIM 的建筑结构和施工现场分析

在使用 BIM 时还可以充分结合 GIS 技术来完成建筑结构设计，这样可以更好地呈现建筑工程项目施工现场的具体情况。根据得到的有关工程项目数据信息来构建建筑信息模型，同时也可以基于建筑信息模型并考虑实际情况来分析建筑工程施工现场。最后根据分析结果来调整和优化建筑结构设计方案，通过这样的方法来不断提升建筑结构设计的合理性，使之更方便施工。

（三）基于 BIM 的建筑结构参数设计

在利用 BIM 进行建设机构设计时，有些重要的参数信息需要设计师进行设计，不过 BIM 平台内部也建有内容丰富的信息数据库。在整个设计过程中，建筑设计师可以随时调用该数据库获得想要的数据信息，这样可以显著提升建筑结构设计的速度，同时还可以保证建筑结构参数的准确性，从而得到准确的施工图。

（四）基于 BIM 的钢结构建模分析

本实例涉及很多钢结构。在建筑结构设计中钢结构模型设计是其中的难点，而利用 BIM 进行钢结构设计则可以在很大程度上降低其设计难度。因为在进行钢结构设计时会涉及很多的连接形式，基于 BIM 的钢结构设计可以直接在相关的数据库中调出有关参数进行设计，从而快速确定不同的连接形式及其参数，基于构建的三维实体模型能够快速科学地确定钢结构的位置以及尺寸等重要信息。

（五）建筑结构干涉检测中 BIM 的应用

这里所述的建筑工程项目规模较大，所以整个建筑结构相对较复杂，建筑中涉及很多管线，而管线设计在整个建筑设计中同样是难点之一。预设结构的连接部位经常会遇到有很多钢筋交错的问题。如果基于 BIM 来构建建筑的三维信息模型，就可以直接在三维模型内部模拟布置钢筋以及管线等信息，甚至对于一些细微的部位也可以进行放大处理。通过这样的方式可以尽量避免不同结构之间出现交叉干涉的现象，在很大程度上提高了建筑结构设计的质量。

三、BIM 在建筑结构设计应用中需注重的问题

（一）明确 BIM 技术在建筑结构设计应用中的难点

在建筑结构设计中应用 BIM 技术时，设计人员应该清楚利用该技术进行建筑结构设计过程中存在的难点。首先，设计人员应该了解所建立的建筑三维模型结构与真实的建筑结构之间有一定的偏差。其次，设计人员还需要关注所建立的三维建筑结构模型能够正确地转化成施工方案以及施工图纸。设计人员需要针对所有的设计参数进行有效分析，确保整个建筑结构设计的安全性。总而言之，需要细致全面地进行综合分析，尽可能提高建筑结构的质量和安全性。另外，需要建立施工图纸数据模型与结构分析模型之间的联系，确保两者之间能够进行有效转化。

（二）项目样板的完整性建设

进行建筑结构设计时，建立项目样板是其中非常基础的一部分，可以利用 BIM 来完成项目样板的建立，这样可以在很短的时间内完成项目样板的建立工作，不但可以降低设计人员的工作量，同时还能缩短设计周期，防止大量重复无用的工作。但是利用 BIM 建立项目样板时必须确保项目样板的完整性，只有这样才可以为后续结构设计以及建筑施工提供正确指导。

（三）注重钢筋混凝土结构表示方法

钢筋混凝土结构是建筑施工中关键的环节，其结构设计也是整个建筑结构设计的重要部分。进行图纸绘制的时候，需要利用标准的符号来对钢筋混凝土结构实施标注，确保施工图纸能够满足相关设计规范，保证施工过程的顺利进行。

随着我国建筑行业水平的不断提高，人们对于建筑结构及其质量提出了更高的要求。因此建筑领域必须采取行之有效的措施来提升建筑结构的设计水平和质量才能够不断迎合大众的要求，同时促进整个建筑行业的快速发展。BIM 技术的使用能够解决上述问题，与传统建筑结构设计方法相比具有显著的优势。在建筑结构设计中应用 BIM 技术可以提升建筑结构设计的合理性和安全性。

第三节 BIM 的建筑集成化设计

基于 BIM 的集成化设计是建筑行业设计发展的新方向，本节将对 BIM 以及集成化设计进行概述，并深入研究基于 BIM 的建筑集成化设计。

随着城镇化进程的加快，我国建筑行业的发展已经步入新阶段，建筑行业的高能耗现象逐渐引起人们的重视。为了解决这些问题，人们提出了集成化设计理念，就是在建筑设计的过程中考虑综合因素，将建筑本身与周围环境看成一个整体，降低建筑在建设和使用过程中的能耗，提升性价比，实现我国建筑行业的可持续发展。

一、BIM 与集成化设计概述

BIM 中的 B 代表建筑，即建模服务于建筑设计，或者说服务于建筑工程项目；I 代表信息，这里所指的信息是一个广义的概念，不仅包含一些视觉信息，如建筑形状、各部位尺寸等，还包含一些不可视信息，例如材料的采购信息及各项力学性能等；而 M

代表建模，表示建模过程。BIM 具有以下几个特征：首先是有效应用数字化技术，最终建成的模型中包含全方位的建筑信息，如果设计出现变更、业主提出新的要求或者是设计师有了新的想法，可以随时对这些信息进行更新，所有相关部门和相关人员可以通过该模型全面了解建筑信息；其次，该模型将应用于整个建筑生命周期，除了初期的设计，还包括中期的施工过程以及后期的运营过程，因此，这种数字化方法支持集成化设计及管理，可以提升建筑建设和使用效率，有效降低生命周期中的各类风险。可以说，BIM 模型是表达建筑信息的一种方式，与普通二维图纸相比，视觉上更加立体、清晰，其包含的信息也更加全面，因此将其应用于建筑设计中具有非常重要的意义。

集成化设计具有较强的综合性，可以将所有相关专业的知识与技术结合起来，尽量提升建筑物的性价比。一方面，在设计的过程中充分考虑环境因素，着眼于建筑的整个生命周期；另一方面，其将各个相关专业整合起来，改变了以往的割裂局面，要求不同专业的设计者相互支持配合，不将目光局限于某个点，而是从全局考虑，降低能耗和成本，同时提升建筑的综合性能。

该种设计方法具有以下特征。首先，从技术的角度来说，具有集成化的特征，能够将各类技术与设计目标结合起来。其次，设计可以根据实际情况不断进行调整和更新，满足多方需求。最后，与传统设计方法相比，其不再是资本与能源的简单聚集，而是有效协调新材料和新技术，既要考虑建筑的功能性，同时还要提升建筑对环境的适应性。

二、基于 BIM 的建筑集成化设计

（一）流程层次分析

我们可以将设计流程分为两个层次来理解，其一是总体流程，具体内容如下。首先，要明确建筑信息建模的所有应用，由于项目的很多阶段都需要建模，因此这些应用可能会出现很多次。其次，要安排好这些应用在流程中的顺序。再次，每个建模过程都要选择责任方，一些分项目的责任方可能不止一个，这就需要各个部门之间协调好关系。最后，流程中包含很多信息交换过程，要保证所有信息能够在各个参与方之间顺利传递。其二为详细流程，具体内容如下。首先，将应用逐层分解，生成一组组进程，然后定义进程间的关系。其次，根据以上定义生成流程图。最后，对流程进行详细分析，明确其中的重要决策点，并在该处设置决策框，主要用来对执行结果进行判断，如果满足要求，则流程合理，如果不满足要求，则可以重新修改流程。

（二）前期设计

前期设计中要充分考虑建筑环境因素，包括该地区新能源的发展、使用状况以及城市规划情况等，并对业主提供的资料进行详细深入的分析，综合以上因素确定设计原则，包括建筑的能源系统以及室内大致环境等，具体如下。首先，要召开一个起步会议，参与会议人员包括所有相关人员，共同讨论建筑设计目标，形成设计草案。会议中要对当地环境信息进行综合评价，为能源决策、建筑系统设计等提供初始依据，业主要在会议中提出自己对建筑的综合要求，设计团队要对这些要求一一进行分析，确认其可行性。其次，设计团队要认真分析目标与程序之间的联系，有效避免二者之间存在矛盾，然后将业主要求转化为具体设计标准，所有参与设计、建设以及运营管理的人员要统一意见，包括目标、技术等，为后续工作做好准备。再次，除了考虑技术因素，在计划成本的时候也要与设计理念结合起来，避免成本计划与设计目标出现矛盾。最后，业主是最初的成本预算者，但是设计团队可以根据最初对建筑环境的分析对成本预算提出异议，二者讨论后统一意见，同时，设计团队也有权力对成本进行管理和分配，也就是说成本预算有可能在设计和建设阶段做出调整，因此要求预算要具有一定的灵活性，要为整个建筑周期考虑。

（三）具体方案设计

该阶段设计以初步设计作为基础，设计中要将环境适应理念与功能要求紧密结合起来，形成设计方案，并且对方案进行科学合理的评价，具体内容如下。首先，要结合上一步调查出的信息开展设计，根据该地区水资源、太阳能以及风能的情况合理设计能源系统，保证对自然资源以及现有设备进行有效利用。其次，以BIM作为支持，初步建立建筑模型，将目标决策以及技术决策等体现在模型中。再次，对建筑模型进行初步评价，判断其存在的优势与劣势，并将现有信息作为依据初步优化设计方案，优化过程不仅要考虑技术因素以及建筑功能等，还要充分考虑其成本控制。最后，该阶段要将检查的重点放在环境目标和能源目标上，并将最初的设计标准作为依据，包括建筑的围护栏结构、可以使用建筑材料的类型以及利用自然资源的情况等；还要估计机械系统综合能力，包括采暖以及制冷的效率、通风状况以及热能回收能力等。

（四）设计成型阶段

该阶段要对上一阶段得到的草图再次进行计算和调整，不断调和环境因素、技术方案与设计目标之间的关系，直到设计达到最优为止。可以对建筑各个部位的参数进行分析，明确修改部分参数以后会对整体设计产生哪些影响。例如，可以根据实际需要适当修改窗口类型以及供暖系统的参数等，并在模型中体现出来；再比如，设计者可以根据环境情况在建筑外围添加保温层，然后通过模型的能耗模拟来确定该保温层会对建筑产生哪些影响，具体如下。首先，对于革新的部位和材料要直接体现在设计模型中，既包括外观，又包括一些不可视信息，对于一些特殊材料要进行特殊检查，要从材料供应商那里获取材料全面信息，并将所有信息都体现在模型中。其次，设计完成以后，除了生成最终 3D 模型，也要打印出二维图纸，供各个部门使用，如果在建设过程中由于意外情况需要变更设计，则可以直接在计算机中修改参数，生成新的模型，重新打印二维图纸。

基于 BIM 的建筑集成化设计充分体现了可持续发展理念，数字技术以及计算机技术的应用大大提升了设计的灵活性，能够同时兼顾多方的设计要求，将所有建筑信息都包含在三维建筑模型内。变更设计时可以直接在计算机中修改参数，非常方便，这种设计理念有利于我国建筑行业的进一步发展。

第四节　参数化 BIM 建筑设计技术

BIM 技术的出现恰好迎合了异形建筑的设计和建造，促使二维设计向三维参数化设计转变，使得设计流程、设计质量和效率有了显著提高，这对于建筑行业来说是一次真正的参数化、信息化革命。

BIM 技术是用于建筑设计、施工及运营管理过程中的一种参数化信息工具，通过数字信息模拟建筑物所具有的真实信息，将工程项目全生命周期中各个阶段的工程信息、过程信息和资源信息集成在同一个模型中，形成了一个具有建筑项目全方位信息的数据库。随着模型的不断改进，工程信息的所有参数都存储在模型数据库内，使得模型信息更加丰富完整，工程各参与方能够对模型数据库进行信息的插入、提取、编辑、更新等，来满足相应的工作需要。BIM 技术可应用于从设计到施工再到运营，贯穿整个工程项目全生命周期的一体化管理，其核心就是建立一个由计算机三维模型及其属性所构成的数据库，通过应用软件对数据库的调用，完成模型信息与各专业之间数据的共享与传递，将同一平台的数据共享应用于项目的各环节。

一、BIM 参数化建筑设计的主要特点

（一）模型信息的集成性和联动性

BIM 模型是一个数字化的整体文件，综合了各专业的设计信息。在基于 BIM 的协同设计过程中，各专业的设计信息最终通过协同设计平台收集在模型当中，任何设计信息的变更都只需要在此模型基础上进行修改，使修改的关联性大大加强。如果出现设计变更，所有的数据信息都会自动在模型中进行修改，随之各种平面图、立面图、结构图也会关联更新，省去了大量校正检核所需要的时间，也有效减少了错误和遗漏的可能性。其次，实体模型不同于表面模型或线框模型。它不仅具有直观的可视化信息，如 2D 或 3D 几何体，建筑构件单元的其他属性信息，如成本、用料、重量也会附加到其上。在整体层面上，BIM 包含了工程的完整信息，包括设计信息、加工制造信息、施工信息和维护信息等，这些属性信息都是与模型复合关联的。

（二）模型信息的一致性和协调性

BIM 技术不仅可通过 3D 协同平台进行设计和建模，还可以轻松获取准确的技术经济指标、工程量等指标。模型对象可以在不同阶段进行修改和扩展，不用重新进行创建，且项目各相关方可以随时共享信息，有利于信息的传递与更新。避免各阶段信息传递过程中出现错误，帮助各方参与者更有效地处理形体和构件的设计与表达。协调性是 BIM 技术的主要特点之一。在项目建设过程中，无论是施工单位，还是业主或设计单位，都需要协调及配合工作。比如在设计时，往往会由于各专业沟通不到位，导致管道与结构冲突、各房间冷热不均、预留洞口尺寸不对等情况。这些矛盾冲突只有在问题出现后才能解决，不但影响施工质量，还会影响施工进度。BIM 技术可以在建造前期对各专业的布置问题进行协调综合，减少不合理的变更方案，并提出合理有效的解决对策。

（三）模型信息的模拟性和可视化

为了能够以视觉方式表达专业设计流程，BIM 无疑是最佳选择。由于 BIM 模型空间在视觉上可见，因此建筑建模与结构建模同时进行，可视化可以帮助和确定专业项目的工作范围，促进专业的性能分析和审查，平衡合理性与造价，快速准确地完成异形构件的加工建造，并保证质量与速度。同时，能够提高不同工种交叉作业时的空间、时间利用，所有过程都在可视化的状态下进行，有助于减少工作流程的冲突。

BIM对异形建筑可视化的需求主要是复杂节点研究和施工模拟，利用BIM可视化特性将复杂构造节点全方位呈现，通过对重难点部分进行可建性模拟，进行施工方案分析优化，所见即所得，信息相互关联，联动修改，极大地节省了人力与时间成本。

二、BIM参数化设计在建筑中的应用

（一）应用于设计复杂的建筑形体

在设计之初，参数化技术强大的表面建模能力为项目的概念体量提供了灵活且严格的形体控制算法，便利的修改、调整功能使其成为解决异形建筑设计和施工问题的有效手段。通过算法来尝试不同的参数组合以便获得最佳解决方案，并在视觉误差允许的情况下，尽可能地用单曲面代替双曲面板。通过分析板块搭建是否合理，对不光滑平顺的部分进行拟合以满足加工安装需求，并调整整个设计阶段所存在的问题，利用计算机算法来处理烦琐耗时的机械逻辑运算，降低造价。与此同时，参数化BIM建立的模型具有设计效果可视化、模型效果可检验、模型数据可指导施工的优点，可展现出2D设计图纸无法提供的认知角度和视觉效果。

（二）设计综合管线

目前，建筑工程从单一化向多元化方向发展，这也使管线设计难度有所提升。基于此，相关的设计人员只有不断提高自身的设计技术水平才能够更好地确保其质量，避免出现管线相互碰撞的现状。以往的综合管线设计存在诸多弊端，难以发现管线出现交叉的情况，但是利用BIM技术却能够很好地解决此问题，及时发现管线出现相互交叉的情况。

（三）优化消防设计

近些年来，高层建筑数量越来越多，部分地区甚至出现超高层建筑。如果沿用以往的设计模式，方案很难达到建筑消防要求。利用BIM技术优化建筑的消防性能，能有效提高消防设计的科学性与合理性。在对消防设计进行优化时，BIM技术可模拟烟气扩散时间、建材耐烧极限、人员疏散时间及疏散距离等，从而设计出先进、科学的消防设计方案，切实保障人民群众的生命财产安全。

综上所述，BIM技术强调各建筑构件的属性信息管理及信息数据自动传递，而参数化技术更侧重控制几何形体和逻辑算法关系，两者的结合已经成为建筑行业发展的必然选择。

第五节 BIM 的建筑设计优化技术

随着经济的快速发展，城市的建设规模逐渐扩大，从而提升了建筑设计的要求。BIM 技术能够对建筑机构进行优化处理，以符合建筑设计的相关要求。本节将对 BIM 的建筑设计优化技术进行阐述，从而提出其具体的应用方式。

一、BIM 技术在各个阶段的优化技术

（一）项目可行性研究阶段

最近几年，BIM 技术在建筑工程行业中被普遍使用。比如，在前期工程项目的可行性研究中，这个时期业主会对建筑工程中使用的相关技术与方案进行分析，以明确该设计能否达到其自身要求。在传统的项目可行性研究阶段，业主通过施工方提供的具体图纸，让专业技术人员对图纸进行研究分析，这样就浪费了不必要的人力物力。而 BIM 技术的出现，能够让业主使用 BIM 技术建设一个建筑模型，通过模拟的手段对建筑工程中使用的技术以及经济上是否可行做进一步判定。这样就能够提升业主分析的精确度。所以，在目前的建筑设计中要尽量使用 BIM 技术，以对该阶段的设计进行优化。

（二）设计阶段的优化

BIM 技术在建筑设计阶段的使用，具体体现在下面几个方面。其一是将各个专业结合起来设计。在以往的设计方式中存在协调性很差的问题，进而导致专业间矛盾比较大，这样设计出的建筑模型也存在不稳定性。而 BIM 技术的使用，能够改变这一问题，该技术要求各个专业的建筑人员依据同一模型进行相关工作，所以各个专业间的协调性有所提升。

（三）施工阶段的优化

传统的施工方式主要使用的是二维设计，所以施工人员无法在二维模型中对实际施工中的难题进行分析。而在使用 BIM 技术之后，建筑施工人员能够使用 BIM 技术设计建筑的 3D 模型，在施工之前就能够掌握施工中可能出现的问题，进而做好预防工作。BIM 技术还可以运用在施工方案的优化工作中，让施工人员使用技术与进度设计软件对施工现场进行模拟，方便施工人员对模拟场景进行仔细观察，从而发现设计方案中存在的问题，对其进行优化和处理。

二、BIM 在建筑设计中的具体应用

（一）建筑前期的模拟设计

BIM 技术在实际的建筑设计中是无法具象呈现的，其经过模拟模型的方法为建筑设计提供相关参考。在建筑设计施工之前，施工人员可以使用 BIM 技术对施工内容与方案实行模拟，通过情境模拟对实际施工中的情形进行观察，并且在其中发现施工时可能会发生的问题。

（二）建筑动态控制设计

在建筑设计中使用 BIM 技术，能够对建筑工程进程进行控制。在前期的模拟设计中，施工人员能够对模拟模型进行观察以及现场勘查，收集实际施工时需要的信息，从而对实际施工中的相关环节进行优化，以此实现对每个施工部分进行控制的目的。在进行建筑设计之前，需要相关专业人员通过实际施工方案对工程进度进行进一步规划。

（三）BIM 技术的可持续应用

在人们生活质量逐渐提升的情况下，对建筑可持续发展的要求也相应提高。在这种情况下，建筑设计师可以使用 BIM 技术建设出 3D 与 4D 模型，让相关业主和用户进行参考。比如，使用 Revit 工具对建筑周围的环境以及光照条件进行模拟，让业主能够在建筑设计之前就对建筑周围的环境有所了解，看是否达到了自己想要的效果。BIM 技术还能够让业主参与到实际设计中，这样就能够贴合业主的实际需要，促进建筑设计可持续发展。

综上所述，为了让建筑设计方案更加优化，BIM 技术在建筑行业中被广泛使用。其通过对模型的模拟，让施工人员直观地看到建筑的施工情况，同时还能够让业主直接观察到建筑的实际效果，从而保证整个建筑设计的质量，使后续的施工工作能够更加顺利地展开。

第六节 BIM 技术的绿色建筑设计

一、BIM 技术与绿色建筑设计的相互关系

中国 BIM 技术目前处于摸索前进的阶段，需要把握住整个建筑行业的发展潮流。面对严峻的环境与资源考验，绿色建筑设计是我国目前所要重点推进与实施的一个重要项目。而绿色建筑设计的理念又与 BIM 技术的核心观念不谋而合，因此在整个绿色建筑的设计、施工与运营实施阶段要把 BIM 技术的应用放在首要位置；而 BIM 技术也要通过与绿色建筑的结合才能发展成熟。就总体而言，现阶段的 BIM 技术与绿色建筑设计之间体现出强大的互动关系，BIM 技术为绿色建筑设计的各个环节提供了强有力的数据支撑，赋予了绿色建筑设计强大的科学性与准确性。同时绿色建筑设计也让 BIM 技术逐渐发展成熟。

（一）BIM 技术为绿色建筑设计赋予科学性

首先，BIM 技术在建筑、水利、市政、暖通、桥梁等工程项目中通过数字化的模型技术提供一套准确的数据支持，同时该技术贯穿在整个建筑工程的设计、施工以及运营阶段。BIM 技术的核心就是减少能耗、提高效率、降低成本。因此，将 BIM 技术与绿色建筑设计统一起来，将科学、准确的数据贯穿到绿色建筑设计的每一个阶段，可以科学有效地保证绿色建筑的施工标准达到绿色建筑的要求，同时也可以保证绿色建筑在运营阶段利用精确的数据进行统计分析，以减少能耗的使用，降低对环境的污染。

因此，BIM 技术的使用使绿色建筑设计更加规范化与科学化，使绿色建筑设计在精确的数据分析之下能更好地达到绿色建筑的行业标准，并且将规范性贯穿到绿色建筑设计的每一个流程之中。BIM 技术为绿色建筑设计赋予科学性的同时，绿色建筑设计也让 BIM 技术在我国逐步发展成熟。

（二）绿色建筑设计让 BIM 技术发展成熟

中国的 BIM 技术起步较晚，虽然政府以及相关部门在积极地推广 BIM 技术，但就目前情况而言，BIM 技术在我国仍处于一个探索发展的阶段，因此 BIM 技术在绿色建筑设计中的应用能够有效地推动 BIM 技术在全国范围内发展成熟。同时，绿色建筑设

计的每一个阶段都需要 BIM 技术的辅助与数据支撑，因此可以有针对性地发现 BIM 技术在各个环节所遗留下来的问题。总而言之，绿色建筑设计让 BIM 技术不断地发展成熟。

如今的社会是一个飞速发展的社会，科学技术的不断更新要求各行各业都要带有科学的渗透性。因此 BIM 技术的发展刻不容缓，绿色建筑设计可以使处于摸索阶段的中国 BIM 技术在短时间获得发展。BIM 技术与绿色建筑的双向互动使中国的能源、社会、环境问题在一定程度上得以有效缓解，然而 BIM 技术在绿色建筑设计中的应用仍然是值得关注的一个问题。

二、BIM 技术在绿色建筑设计中的应用

（一）协调建筑与环境之间的关系问题

建筑物的墙体选择、采光问题、声音问题、通风问题等各种建筑物内部的环境都可以利用 BIM 技术做出相对应的数字模型并根据统计数据发现问题、解决问题。一般情况下，建筑方提供建筑的设计说明书，根据设计图纸将相应的光源、声音以及通风数据输入到 BIM 应用软件中，自动生成声、光、风等数据的影响报告。然后设计者在这些影响报告的基础上对建筑物的设计做出进一步的改进。

（二）使建筑物实现能源的优化

科学性与精确性是 BIM 技术的属性，因此数字信息化时代需要使用 BIM 技术对整体建筑物的设计做出能源优化，而这也是 BIM 技术的核心所在。BIM 技术数据库中含有大量的参考数据，有助于显著提高建筑物的节能特性。同时，高效的 BIM 技术能够在短时间内得出数据结果并生成影响报告，代替了人力劳动，提高了计算的精确度与准确性，从而实现建筑物的能源优化，降低环境污染，使建筑物能更高效地达到绿色建筑的标准。

（三）使建筑物室内环境得以优化

高效精确的计算数据与影响报告使设计者对建筑物的不足之处更加明确，从而提高建筑物的整体设计水平。最为明显的就是对建筑物室内环境的优化，包括采光、通风、降噪、取暖等各个方面。BIM 技术可以对采光、通风等各项环境进行全面的分析以及真实情况的模拟。比如，对风向和风速这两项基本环境的模拟，在有效的数据支撑下，设计者可以通过门窗的开启程度与时间以及位置等各项条件来改善通风状况，从而保证室内通风环境。

（四）对建筑物的运营进行监管

建筑物的能耗是如今要面对的一个严峻问题。BIM 技术可以有效贯穿到建筑工程项目的所有阶段，有效降低项目工程设计、施工以及运营方面的能源消耗。BIM 技术独有的状态监测功能，可以使人们在短时间内及时准确地了解建筑设备的工作状态，实现实时监测与管理，从而可以最大限度地降低能耗，节约成本，实现绿色建筑设计的能源效益最大化。与此同时，BIM 技术的紧急情况响应系统可以有效地对可能发生的意外事故进行预防甚至报警处理，实现最大程度的监管。

第七节　BIM 技术的建筑电气设计

在建筑电气设计过程中，由于受到设计方法过于单一、缺乏设计经验以及相关专业等因素的影响，电气设计效率和质量都比较低下。另外，施工过程当中特别容易出现冲突性问题。针对以上问题，建筑电气设计人员需要转变传统观念，同时在建筑电气设计过程中要加强新型方法以及新型技术的融入，只有这样才能够进一步促使电气设计质量以及设计效果得到全面提升。

在建筑电气设计的过程中，为了提升电气设计工作水平和工作质量，应当加强 BIM 技术的运用。运用 BIM 技术最为重要的目的就是有效地缩短设计周期，同时设计出符合业主需求的作品。在初步设计的过程中，工作人员应当结合业主的实际需求，对 BIM 技术进行科学合理地利用，同时妥善处理好整体布局、管道线路等要素。在建筑电气设计的过程中，运用 BIM 技术可以将二维设计转变成为三维设计，可以促使设计过程更加清晰直观，对于设计出符合业主需求的建筑电气作品具有重要的价值和意义。建筑电气设计过程当中应用 BIM 技术具有重要的优势，一方面可以实现自动化处理，另一方面，电气设计前期阶段可以结合业主的实际需求，针对数据库进行完善。

一、BIM 技术在建筑电气专业信息传递中的应用

技术人员及时提供相应的设计资料，还需要对周围的环境信息进行掌握，通过对墙面、地面等具体信息的掌握，以及对数据信息的分析，明确当前设计的要点，对电气设计的各种指标进行分析，将电气设计中的 BIM 技术更好地进行应用。对于地铁等设施建设过程，需要对建筑面积、地质情况、建筑高度等平面信息进行分析。比如在地下室

的管线设计环节，严格按照综合排布的基本原则，尽可能节省空间，确保电气管线设计过程可视化，及时进行管线设计优化，合理控制工期，科学地进行管线布置，采用虚拟施工的方式，有效提升建筑电气设计效果。大管优先，对于大截面、大直径的管道，例如东莞轨道控制中心在建设过程中，需要对给排水管道、空气流通管道、电缆槽盒等进行管线综合、管线碰撞设计，管线错综复杂，平面、标高关系混乱，这些问题常常困扰着设计师。BIM技术的使用，使原本抽象的空间形象化，再复杂的空间关系也能形象地体现出来；杜绝了设计师因为标高导致管线碰撞；有效避免了错装管线而出现返工的人工、材料、时间成本。如此一来，即保证了设计的科学性，又满足了业主要求的经济性。

二、BIM技术在建筑模型设计步骤中的应用

为了提升建筑电气设计水平和设计质量应当充分利用BIM技术，注重通过BIM技术进行模型设计。在设计模型过程中，关键就是应当切实保障二维模式以及三维模式之间的一一对应性，只有这样才能够促使设计工作人员以及业主通过使用模型针对方案进行有效对比。在针对模型进行设计的过程中，相关工作人员应当结合实际资料，促使建筑设计过程中的管线连接方式还有电气设备摆放情况，都要在图纸上一一标注出来。BIM技术相对于传统的电气设计方式而言具有较大的优势，通过使用BIM技术进行建筑电气设计工作最大的优势就是具备三维可视化功能，通过三维可视化功能可以有效提升建筑电气设计水平和质量。例如，在针对电气桥梁以及电管绘制的工作过程中，相关工作人员可以通过BIM软件中的剖面功能将电管以及桥梁的对应关系一一标注出来，这样就可以形成三维剖面图，提升建筑电气的设计水平。

三、BIM技术在管线布置中的应用

科学合理地利用BIM技术来布置建筑内部管线，确定设计重点，可以最大限度减少人为失误。保证了管线布置科学、有效、位置准确，创建了虚拟化、可视化的建筑电气管线布置环境，快速把握设计信息，提高设计效率，将相应的信息及时展示出来，从而促进了作业人员专业技能和创新意识的提升。在东莞轨道控制中心施工过程中，通过BIM技术能够迅速定位地下室管道的位置，管线安装按照既定合理的顺序，加快了施工的进度。在项目建设的过程中，很多电气设计人员需要对无压管道走向进行优化工作，为各个管道的安装预留一些空间，将BIM在设计过程中的优势充分展示出来，从而保

证其设计功能完善，也能根据实际情况调整内部管线的高度，解决内部可能存在的问题。

综上所述，在建筑电气设计的过程当中，应该加强 BIM 技术应用，运用 BIM 技术可以促使建筑电气设计质量得到明显的提高，同时还能够有效防止在建筑电气设计中产生较大问题。对于工作人员而言，应当充分结合业主实际需求，通过使用 BIM 技术，做好模型设计等工作，有效顺利完成建筑电气设计工作，提升建筑电气设计工作质量和水平，另外设计人员还应当进一步加强 BIM 技术研究，促使 BIM 技术可以在建筑电气设计过程中做出更大的贡献。

第七章　BIM 技术与建筑施工

第一节　BIM 的建筑施工进度优化

面对当前建筑工程中施工的进度和相关信息管理的不完善性，以及管理效率较为低下的问题，这里提出以 BIM 技术为基础的建筑施工进度的优化研究模型。其采用建筑信息的模型采集技术采集建筑工程项目中的各项信息数据，并对采集到的施工内容进行信息的融合以及优化和整体分类，利用模型的各项参数对整个项目信息进行整合。建筑工程能否按照计划如期进行，对企业的经济利益有很大的影响。在传统的施工工程进度控制过程中，大部分情况下都是通过对施工进度的分析来进行相关的计划安排，而在实际生活中，建筑工程在实施的过程中，会存在很多影响施工进度的因素，因此，施工的整体效率并不高。但是随着 BIM 技术的不断发展以及在施工过程中的普遍应用，可以在很大程度上加强对企业建筑工程进度的控制。因此，本节对基于 BIM 技术的建筑施工进度优化研究进行如下简单的分析。

BIM 技术是通过利用三维图像的原理，与传统的施工进度进行比较，这样带来的好处是可以在很大程度上减少工作量，并且提高准确性，但是同时又具备很大空间的可调控性。不仅可以及时发现施工过程中出现的问题，还可以最快地对所出现的问题进行调整和修改。在施工过程中如果施工进度和施工图纸发生了矛盾，可以利用 BIM 技术及时做出调整，这样不会对工程的进度造成很大影响，并且可以很好地控制施工进度。

一、BIM 技术在国内外施工的应用现状

（一）BIM 在国外建筑施工的应用现状

国外 BIM 技术的起步和开发都比较早，并且很好地验证了 BIM 技术的优越性以及内在潜力。美国对 BIM 的研究较早，到目前为止，美国的大部分建筑都已经应用了

BIM 技术，不但种类繁多，而且形成了各种不同的 BIM 协会，由此产生了很多 BIM 专业技术咨询公司。因此，BIM 技术的市场较为活跃，不仅可以直接用在工程的局部环节，而且形成了新的工作模式：通过 BIM 的技术进行一个虚拟的建造，让业主、总包、分包等多方都参与到这个项目当中，共同对设计进行相关的改造，从而达到一个理想的效果，进一步共同分享收益或者承担风险。现在，这种模式已经建立了标准的合同条款。

（二）BIM 技术在国内建筑施工的应用现状

我国目前正处于不断发展以及不断提升的阶段，因此，建设的数量也极其庞大，建筑业的发展十分迅速。因此，在 BIM 技术成为大势所趋的情况下，我国的建筑业与 BIM 技术必定有着密不可分的联系，但是在现在的建筑行业中，大部分的设计软件建筑设计方面使用的仍然是传统的 2D 工程制图。随着行业的逐步发展以及需求的不断增加，BIM 技术也逐渐步入正轨，但是要使 BIM 技术贯彻到整个建筑行业，就目前来说，还是比较困难的。

二、BIM 技术在建筑施工过程中的应用优化

结合 2D 工程制图设计图纸，并且利用 Revit 软件创建 BIM 模型，对施工的设计结果进行动态展示，这样可以使业主以及施工团队更直观地理解施工方案，并且检验施工设计的可实施性，在施工之前就发现问题并解决问题，这样可以大大减少施工过程中出现的没有必要的问题。

将所设计的建筑以及结构等 BIM 模型通过 IFC 或者 .rvt 文件导入专业的碰撞检测与施工模拟软件中，对模型结构进行碰撞检测分析，并且对项目中的整个建造过程以及十分重要的过程进行检测模拟，发现其中存在的问题，及时进行深度的分析、修改和设计，这样可以大大减少施工过程中对于突发情况的设计变更，还可以更好地优化施工方案以及相关资源的配置。

我国的 BIM 技术以及 4D-CAD 技术的研究主要由清华大学的张建平教授组织。将 BIM 以及 4D 技术相结合，通过建立 IFC 的 4D 施工信息模型，把建筑物以及施工现场的三维视图和施工的进度、相关资源以及施工的安全和施工质量等重要信息整合成一个整体，建立基于 BIM 和网络的 4D 工台集成管理系统。

与国外相比，我国现在建筑行业的体制无法很好地统一，并且缺少完善的 BIM 技术应用标准，加上建筑行业对 BIM 技术的法律责任的相关界限不明确，很大程度上导

致建筑行业不能较好地推广 BIM 技术的发展。很多建筑项目在运作的过程中都缺少较好的统筹管理，BIM 技术在应用的过程中缺少合作，有可能导致设计单位的参与度不够，施工单位拿不到施工的图稿，从而造成施工单位想要应用 BIM 技术就要自己再重新建模。并且就目前来说，BIM 技术在建筑行业的应用主要依赖于个别复杂的项目或者某些业主的特殊要求，同时，BIM 技术的功能在施工过程中并没有得到有效的应用和充分发挥。因此，要将 BIM 技术的理念充分融入施工项目中还需要很大的努力。除此之外，BIM 技术的应用还需要大量的培训以及对硬件、软件的要求，这在很大程度上也制约了 BIM 技术的应用和发展。建筑行业内真正将 BIM 技术应用到建筑工程进度方面的少之又少。

通过数据的加载，让参量数据可以及时进入 5D 关系数据库，再根据 BIM 技术进行数据的加工和信息处理，进而优化建筑工程施工的进度。当前，BIM 技术在施工过程中的应用仍然处于初级阶段，并且还存在着一系列的问题，但是 BIM 技术在建筑行业的重要性是无法忽视的，将 BIM 技术融入建筑工程施工过程中，可以很好地解决目前施工过程中所存在的许多问题。因此，BIM 技术在建筑施工行业的发展空间很大并且有很宽泛的应用前景。

第二节 BIM 引领建筑施工的未来

根据相关统计，目前中国每年的开工面积与单栋建筑体量居世界领先地位，并在利用成熟有效的 BIM 技术进行项目管理的同时，尽可能地提高管理效率，完善应用系统。同时，BIM 技术具有重要的应用价值和广阔的应用前景，它的应用能提高对绿色建筑生命的管理，促进建筑业全面信息化和现代化，实现建筑业转型升级。

一、BIM 技术在招投标阶段的应用

基于 BIM 技术的自动算量、可视化、参数化和仿真性等特点，可以对某项工程进行快速算量工作，而且还能够对技术方案进行可视化三维动态展示。

（一）技术方案展示

在传统的施工单位进行投标时，技术方案的展示过程基本上是通过文字和传统的 CAD 图纸或者少量的三维模型呈现的，这种形式可视化程度较低，不利于让投资方充

分了解施工单位的各种技术形式，特别是在结构体量大且施工比较复杂的工程中，投资方对施工单位的技术标准要求更加严格，但是基于BIM技术的3D功能可以充分展现施工单位的技术标准和技术方案，同时也能够帮助施工单位有效解决技术问题。

BIM在技术方案展示中的应用主要体现在碰撞检查、虚拟施工、施工隐患排除和材料分区域统计等方面。

（二）工程量计算及报价

在传统的投标中由于投标时间紧迫，要求投标方高效、精确地完成工程量的计算，把更多的时间运用在投标报价技巧上。但是随着现在建筑造型的复杂化，人工计算工程量的难度越来越大，如单靠手工是很难按时、保质保量完成计算的。而快速形成工程量清单也就成了招投标阶段工作的难点和瓶颈。随着BIM技术的不断深入发展，投标方根据BIM模型可以快速获取正确的工程量信息，与招标文件的工程量清单比较，能够制定更好地投标策略。

二、BIM技术在深化设计阶段的应用

深化设计是在满足业主和设计顾问的要求下结合施工现场的实际情况，对于图纸进行深层的细化、补充和完善。深化设计是将设计师的概念、设计思路、设计意图在施工过程中更加完整地表达出来；以满足甲方要求为基础，使施工图纸更加客观且贴合实际情况，是施工单位施工拓展的方向。其目的是为了更好地满足甲方的要求，满足不断变化的需求，不断调整施工方案，使其更加贴合现场施工的施工过程，是为了在满足要求的前提下降低施工成本，为企业节省开销。BIM的深化设计大致分为两类：专业性深化设计和综合性深化设计。但是BIM的深化设计不能完全脱离现有的管理流程，要符合BIM的技术特征，对于每个环节的技术参数要做到精准无误，才能够确保深化设计的准确性。

三、BIM技术在建造准备阶段的应用

BIM技术在建造阶段最主要的体现是虚拟施工的管理，它是根据BIM技术结合施工现场进行虚拟施工，可以不消耗成本资源，直观看到施工的过程和结果，在很大程度上节约成本，增加对施工过程的控制。虚拟施工的可视化使施工计划与实际可以很好地协同，也可以使现场工作人员快速熟悉施工内容，从而节约时间、降低成本，让现场施

工人员在施工前就能了解自己的工作职责，提前交流沟通。

BIM可以模拟整个施工过程，各方人员如果发现问题，施工技术人员可以提出新的方案，然后对新的方案进行模拟校验，再进行施工，这样就可以有效避免施工过程中出现的问题。

四、BIM 技术在建造阶段的应用

BIM技术在建造阶段的应用可以分为以下几点：预制加工管理、进度管理、质量管理、安全管理、成本管理等。

利用BIM技术，可以做出构件的加工详图，有了图纸就可以指导构建的生产。在此过程当中，可以实现构建更精准，更接近理想的形态与功能的构件，同时还可以让构件更轻松地量产化。在工程实施阶段，运用BIM技术可以同步实际施工中的进度、日程等。有了BIM技术，代入施工工序、施工节奏、施工械具，就可以在计算机上模拟实际施工的进展，便于协调各班组之间的工作、使施工阶段更系统化、降低安全隐患、减少施工材料的浪费、提高施工效率等优点。按照BIM技术三维立体的特点，可以在计算机平台上模拟出CAD等软件无法实现的立体效果，清晰直观地了解施工建筑物的细节，从而便于处理管线、管道碰撞等问题，大大提高了施工质量，也可以减少施工中的返工问题。在BIM技术中，安全管理是一个重要的功能，与传统的安全控制系统相比，BIM系统管理死角极少，能够处理施工现场环境复杂、难以管理的难点；同时BIM的安全管理方式、方法更有实时性，不像传统系统那样容易与建筑发展脱节。

成本控制是BIM尤为突出的优点。基于BIM技术可以建立成本的5D关系数据库，及时将成本数据录入数据库可以快速实行时间、空间、WBS等多维度成本分析，轻松满足我们各方面的成本分析需求。

五、BIM 技术在竣工交付阶段的应用

（1）验收人员可以根据设计、施工阶段的模型，直观地掌握整个工程情况，包括建筑、结构、水电等各专业的设计情况，既有利于对使用功能、整体质量进行把关，同时又可以对局部进行细致的检查验收。

（2）验收过程中可以借助BIM模型对现场施工情况进行校核。

（3）通过竣工模型的搭建，可以将建设项目的设计、经济、管理等信息融合到一个

模型中，以便于后期的运维管理单位使用，从而更快、更好地检索到建设项目的各类信息，为运维管理提供有力保障。

基于 BIM 技术在建筑施工上的优势和活力，现今该技术已经被越来越多地应用于各种各样的工程项目中。随着建筑物的设计、施工和运维管理的推进，BIM 将在建筑的全生命周期管理中不断体现其应用价值，也必将是未来建筑技术发展的大趋势。

第三节　建筑施工企业的 BIM 应用

本节将对建筑施工企业 BIM 的应用障碍进行全方位的分析，首先对当前我国建筑施工企业所面临的 BIM 应用障碍进行详细、深入的剖析，对 BIM 的应用障碍隐患进行客观的反思和总结，并提出行之有效的对策，旨在从根本上促进我国社会经济的发展。

一、当前我国建筑施工企业中 BIM 的应用障碍

（一）对项目部的吸引力不足

一方面，缺乏完善系统的 BIM 技术应用效益评价，导致许多项目部对 BIM 技术的应用仍然持观望态度。企业在推行 BIM 技术时并不能取得预期效果，某些企业耗费大量精力做出的 BIM 技术模型能让项目部直观看到眼前效益的仅仅是机电管道的碰撞检查综合设计，同时，由于 BIM 技术应用模式尚未成熟，导致挖掘出来的应用点并不多。另一方面，建筑施工企业是微利行业，难以筹措充沛的资金进行信息化建设与维护，甚至连企业的软件采购、硬件开发升级与机房改造等都因为缺乏资金而难以顺利运营，这严重消磨了企业开展信息化建设的主动性与热情。

（二）建筑企业的收益回报风险大

当前，我国建筑施工企业面临的另一大 BIM 应用障碍是建筑企业的收益回报风险较大，BIM 技术的应用推广是个长期的过程，需要较长的投资回收期，使投资收益率较低且不易量化，甚至没有明确保障，同时更面临着参加 BIM 技术培训的员工工作效率降低的风险，这很容易导致施工企业高层管理者缺乏持续投入的信心和动力。此外，缺少积极推广 BIM 技术应用的环境也是一个突出的障碍，大部分工程都是施工单位自己主动使用 BIM 技术，而不是业主自上而下驱动 BIM 技术应用；各地市的 BIM 技术推广

也缺少本地政府的支持，如果政府和行业主管部门的政策支持缺失，便难以开发运行稳定、兼容度高、易用性好的信息化软件。

（三）设计与施工严重割裂

所谓设计与施工严重割裂主要是指三维建模过程耗时耗力，从业主、设计到施工对模型的信息共享度较低，设计方出于对 BIM 技术参与度不高而只给出二维图纸，施工方并未从设计方得到 BIM 模型，而是拿到传统资料自己建立模型。同时，与 BIM 相关的行业标准和法律责任不清晰，导致 BIM 应用的标准合同语言的建立出现障碍。再者就是，BIM 自身难以实现与其他软件的数据互补且实施成本过高，缺少 BIM 应用的标准合同语言，模型的信息无法完整精准地传递给施工企业，甚至片面依靠进度编制者的工作经验进行而往往缺乏具体针对性，且图纸中会出现重复或矛盾的内容。

二、促进建筑施工企业 BIM 应用障碍解决的有效策略

（一）逐步完善人力资源建设

建筑施工企业应该有针对性地对 BIM 技术团队开展培训学习活动并组建一支专业的人才队伍，注重始终以增强相关施工人员的专业理论知识与实践操作经验为出发点与落脚点。充分调动起内在的主观能动性与积极创造性，更应该逐步完善 BIM 中心相关的制度和保障机制，尽可能地丰富人才发展渠道并强化激励政策，将熟知暖通、水电、结构、建筑的人才充实到 BIM 团队中去。更要鼓励兼备技术和管理的人员参与 BIM 技术理论知识的学习和软件应用培训，从而具备灵活应对各种烦琐复杂项目的能力，更好地为建筑企业创造出良好的社会和经济效益。

（二）大力扩展 BIM 技术的应用点

一方面，施工企业不应该仅仅局限于二维出图，三维翻模的纯设计展示，便于为施工和后阶段运维提供更加科学合理、有效完整的信息数据分析，在劳动力、材料管理及机械设备管理以及运维管理等方面都要扩展 BIM 应用点，还可以建立企业施工 BIM 技术应用标准。另一方面，对施工过程中出现的进度资源冲突要实现进度偏差报警功能，逐步转化机制体系与结构变革，接着要继续细化应用流程并交付设计成果，实现工程数据集成和过程可视化模拟，条件允许的还可以成立完善健全的 BIM 技术服务公司，不仅有利于壮大 BIM 软件的客户群，还有利于软件的推广宣传。

本节对建筑施工企业 BIM 应用障碍进行探究分析具有重要的现实性意义。BIM 技术以三维数字技术为基础来提高工程的建设信息化质量，同时，采用 BIM 技术也是为了更好地克服建筑施工中地基基础的结构烦琐、施工质量要求严格、工程施工工期比较紧这些问题。随着我国近年来经济实力的迅猛发展与科学技术水平的显著提升，以及城市化与工业化进程的快速推进，人民群众的生活质量与消费理念都产生了较大的变化，人们更加倾向于追求安全稳定、舒适的建筑环境空间，这就对建筑施工企业 BIM 应用障碍提出了更高的要求，促使企业将各种 BIM 应用障碍扼杀在萌芽状态。

第四节　BIM 技术与建筑后浇带施工

在智能建筑施工过程中，现浇混凝土由于自身特性影响，一旦在施工过程中施工面积较大，就会出现收缩不均匀等问题，导致施工建筑产生裂缝。而后浇带工程施工技术能够很好地预防施工裂缝问题的发生，提高智能建筑施工的质量。为了保证后浇带工程施工质量，下面将基于 BIM 技术对后浇带施工进行探讨。

一、智能建筑与 BIM 技术

（一）BIM 技术在建筑施工中的应用特点

BIM 技术是利用计算机技术对建筑工程中的建筑信息数据进行创建和设计的。BIM 建筑能够将图纸上的线条通过计算机设备构建出一种三维模型，能够将建筑施工项目设计阶段、建造阶段、运行阶段表示出来，最大限度地满足施工参建各单位的可视化需求。BIM 技术能够实现建筑工程的数据同步管理，可以帮助建筑施工单位更好地做出决策，实现建筑工程项目的全面质量控制。BIM 技术能够对施工流程进行模拟，对建筑材料使用的规范性进行管理，控制工程施工进度，实现资源的合理配置，降低工程施工成本。

（二）智能化技术与 BIM 技术

建筑行业利用信息系统实现对建筑工程数据的全面管控，比如数据分析、数据传递等。而建筑智能化的目的是指建筑施工阶段使用的信息系统具备智能化性能，能够更好地帮助人完成工作，提高办事效率。

建筑智能化主要指创建出安全、舒适、宜人的生活环境。首先需要保证的是建筑的整体安全性。智能化建筑对于温度、亮度、湿度、光照等具备很好的调节功能。其次，智能化建筑应该尽可能地利用自然光和大气冷量或者热量来调节建筑室内的温度。最后，要求智能建筑的结构设计必须具备智能化，比如办公智能化、通信智能化等。

BIM技术能够在智能建筑中发挥出重要的作用，为智能化应用系统提供数据基础。智能建筑施工过程中需要对人、机、料等对象进行全面管理，BIM技术能够基于建筑数据信息构建BIM模型，可以对空间信息进行全面控制。因此，智能化建筑能够基于BIM技术实现空间信息和进度信息以及成本信息等管理。如果BIM技术无法应用到智能建筑中，那么建设单位、施工单位需要对海量的建筑数据信息进行管理是非常困难的。由此可见，BIM技术的应用能够有效推动智能化技术的应用。

二、智能建筑后浇带施工设计特点、类型及作用

（一）智能建筑后浇带施工设计特点

智能建筑与传统建筑相比，在修建过程中非常注重用户的使用需求，更加人性化，其先进的施工技术能够让用户获得更优的建筑体验。在智能建筑施工过程中，不同的施工因素会对后浇带施工结构产生不同的变化。但是施工单位在实际施工过程中，一定要严格按照国家《高层建筑混凝土结构技术规程》中的施工标准进行施工作业。通常情况下，后浇带施工结构宽度一共有四个规格，分别是 700 mm、800 mm、1000 mm 和 1 200 mm。其中，800 mm、1000 mm、1 200 mm 较为常见，被广泛应用于建筑工程中。后浇带施工接缝设计一共有 4 种类型，分别是平直缝、阶梯缝、槽口缝、X 形缝。在实际施工作业中，施工单位需要根据施工要求来计算后浇带的施工类型。后浇带的内筋施工也分为 2 种类型，分别是全断开再搭接和不断开附加筋。当完成后浇带施工作业后，施工单位还需要按照《高层建筑混凝土结构技术规程》中规定的混凝土补浇时间进行施工作业，比如 14 d、28 d、45 d 等，需根据具体施工设计确定。最后，施工单位还需要根据工程规模和混凝土用量对混凝土后浇带进行养护，通常后浇带的养护时间不得小于28 d。只有满足上述施工设计要求，才能够最大程度地保证建筑工程后浇带的施工质量。

（二）后浇带类型

目前，后浇带工程施工按照功能特点可以分为 3 个类型，分别是沉降后浇带施工、伸缩后浇带施工、温度后浇带施工。其中，沉降后浇带施工能够很好地预防智能建筑的不规则沉降问题；而伸缩后浇带施工能够预防墙体裂缝问题；温度后浇带施工能预防温

度裂缝问题。施工单位需要结合实际施工情况，选择合适的后浇带施工类型，才能够达到预防施工的目的。

（三）智能建筑后浇带施工作用

在智能建筑施工过程中，需要每隔一段距离设置一个后浇带，能够最大程度地降低收缩应力的发生概率。首先，需要按照实际施工情况将高层建筑和裙房结构分别进行施工作业，直到主体结构施工完成后，才能够通过现浇混凝土的方式来实现高层建筑和裙房结构的无缝连接，这种做法能够更好地解决施工沉降问题。其次，施工单位在实际施工作业时，一定要注意时间差、压力差、高标差的合理调整。所谓时间差主要指施工项目的先后顺序，即主体结构先施工，裙房再施工；而压力差主要指施工单位需要通过降低土层的压力来减少土层对主楼的附加压力，尤其是建筑中层部分，可以采用十字交叉梁基础的施工方法来增加土层压力，使中低层主体与高层主体的沉降值趋近。高标差主要指计算过程中需要先计算沉降值，再根据沉降值计算出降低裙房标高，提升主楼标高，保证主体结构与裙房结构的标高值不会存在较大误差。因此，在智能建筑施工过程中，使用后浇带施工技术能够减小温度收缩、沉降问题，可以有效预防施工裂缝的产生。

三、BIM 技术在后浇带施工的应用

（一）BIM 技术在后浇带设计阶段中的应用

设计人员可以根据勘察的建筑数据信息搭建施工项目场地模型，结合实际施工环境和施工位置制定出最佳后浇带施工方案。通过构建建筑和结构初步施工设计模型计算出施工所需的材料、人力、物力等资源。

（二）BIM 技术在后浇带施工阶段的应用

BIM 技术在施工阶段集合了材料、场地、机械设备、施工人员、施工环境、气候等信息，能够为施工单位构建出较为完善的施工图设计模型，将施工各个环节更为直观地反映出来，以便施工单位做好施工工序的协调管理，比如合理组织施工班组进入施工场地等。

（三）BIM 技术在后浇带施工技术的应用

在进行后浇带施工期间，应该在止水钢板的上部位置使用木模板或者快易合网进行固定，在下部位置使用快易合网或者多层钢丝网模板进行固定，如果使用木模板，需要保证木模板的开口为锯齿形，在进行底板混凝土振捣时，一定要格外注意快易合网外侧

灌浆孔内是否存在漏浆现象。如果发现漏浆，需要使用高压水枪冲洗渗漏部位，避免漏浆凝固。完成模板施工作业后，需要及时喷洒防锈剂，避免钢筋出现锈蚀。与此同时，在后浇带施工位置砌上水泥标准砖，对其进行封边处理。封边完成后，需使用木支撑钉和九夹板覆盖后浇带施工部位。当后浇带强度达到标准后，需要拆除后浇带保护层，将止水板上的混凝土表面凿毛。清除底板底部上的混凝土渣滓，并使用粗砂、鹅卵石填满原沉陷部位，其目的是过滤原部位的水。在进行分段浇铸过程中，还需要采用微膨胀防水混凝土进行后浇带施工作业，如果施工期间发生施工冷缝，应该加设钢板止水带。在加设钢板止水带时，要在原止水钢板位置的 50 mm 处进行新钢板止水带搭接处理。如果发现后浇带水量较大，无法进行顺利排出，需要在后浇带的最后一段位置上预埋排水钢管，钢管的管底一定要位于过滤层内部，管顶距离底板 100 mm。注意预埋钢管的数量和间距需要按照后浇带的水量来确定。还需要将钢管切割至混凝土表面位置，使用圆软木塞打入钢管底部，并灌入微膨胀快硬防水砂浆。将圆钢片插入钢管内部，保证钢管内部为满焊，然后使用水泥砂浆找平。浇筑期间，混凝土需要从远处逐段浇筑至排水管，保证汇水区域能够及时将水排出。浇筑混凝土时，一定要注意浇筑的温度，且新旧混凝土浇筑的时间差不得少于 42 d。两次浇筑混凝土时，需要浇筑密实，保证浇筑的混凝土接缝处不会出现收缩裂缝和渗漏现象。在后浇带施工前，可使用 BIM 技术提前将各种信息参数输入模型中进行计算和演示，提高后浇带施工的质量，尽量避免后浇带与两侧混凝土出现裂缝，及时规避各种施工质量问题。除此之外，在 BIM 模型中，还可计算出后浇带施工所需的人工、物料等数量，较为精准地确定台班数量，降低施工成本，提高经济效益。将整个工程的施工过程输入可视化的 BIM 模型中，还可以避免施工碰撞的问题，如在后浇带施工过程中避免其他专业对后浇带施工的影响，不仅可以提高施工质量，还可提高施工效率，降低施工成本。

四、后浇带施工质量控制管理

（一）支模质量控制

施工单位在进行后浇带施工作业时，一定要保证后浇带支模的质量，其支撑系统能够与整体结构支撑系统断开，保证整体结构在拆模时，不会对其后浇带模板支撑系统造成影响。总的来说，就是拆除整体结构支撑系统后，保留后浇带支撑系统，当后浇带混凝土补浇后达到拆模标准时，再进行拆除。

（二）拆模质量控制

施工单位进行后浇带混凝土浇筑作业之前，一定要保证浇筑施工缝周边存在模板支撑，主要原因在于模板作用力下，后浇带梁板的两侧会出现悬臂受力问题。如果此时直接拆除模板，一定会影响后浇带浇筑的施工质量。因此，再进行后浇带混凝土浇筑作业后，需要严格把控浇筑的混凝土强度值，保证混凝土强度达到设计要求的75%后，方可进行拆除，在拆除期间，必须严格按照从上到下的拆除顺序进行施工。

（三）智能建筑后浇带质量控制

在智能建筑的后浇带施工过程中，需要同时对高层结构和底层结构的后浇带进行同时施工作业，但是要在施工工艺上对后浇带的施工质量进行把控。首先，需要在进行后浇带施工前，做好提前预留。其次，根据高层结构、低层结构的施工特点，对基础梁、板凳结构都要进行预留后浇带，当这部分工程完成后，还需要使用膨胀混凝土进行高低层结构的施工连接，使其成为一个完整的整体。这种施工做法能够有效消除后浇带的沉降影响，避免高低层结构出现变形缝，提高了施工的质量。注意后浇带施工作业必须在建筑主体完成60 d左右才能够进行，这个时候建筑主体的混凝土收缩量一定要大于50%，才能够保证后浇带的施工质量符合相关标准。

本节对智能建筑的后浇带施工特点、施工技术要点、施工质量控制方法等内容进行了深入探究，基于BIM技术对后浇带施工技术的应用进行了分析，最终掌握了后浇带的正确施工步骤，有利于从根本上提高施工单位的施工质量，降低施工缝问题的发生概率。

第五节　BIM的装配式建筑施工

近些年来，装配式建筑在国内受到大力推广。下面从装配式建筑施工的基本概念出发，以实际工程为例，对BIM技术在装配式建筑施工中的进步进行详尽的介绍。

一、工程概况

这里以某小区某商品工程为实例进行介绍。该工程占地面积为27 598.71 m²，总的建筑面积为71 389.86 m²，建筑面积包含地上、地下两部分。其中，地上建筑面积为

57 562.74 m², 地下建筑面积为 13 826.12 m²。该工程包含了 9 栋单体住宅，分别为 15 号 ~ 17 号、22 号、23 号、43 号 ~ 46 号楼，9 栋单体住宅的结构形式均为剪力墙结构。其中，16 号、17 号、22 号、23 号楼为 "7+1" 层预制装配式住宅，15 号楼为 "7+1" 层住宅，建筑结构为普通现浇混凝土结构，44 号、45 号楼为 14 层预制装配式住宅，43 号楼为 16 层普通现浇混凝土结构保障性住房，46 号楼为 13 层预制装配式住宅。

二、BIM 技术主要应用点

（一）施工图纸碰撞检查

在施工前，必须实施 BIM 技术的碰撞检查。这项检查可以快速查找土质设计不规范和不合理的地方，防止在施工的过程中，出现返工现象，促进施工可以按照设计的进度要求平稳开展。另外，还可以降低材料浪费的现象，有效节约施工成本，为后续施工过程提供可靠保障。

下面以 3 号地下车库的碰撞检查为例，对管径小于 66 mm 的管道不予检查和提示，通过触碰检查，发现 201 个碰撞点。每个碰撞点都具有具体的三维图形，该图形对碰撞位置、设备名称以及碰撞管线均进行了描述。

（1）管道及柱梁的碰撞检查：梁、框架柱和通风机、消防设备之间没有留下充足的安全距离，甚至存在碰撞。

（2）管道与管道碰撞检查：在施工过程中，所有专业的设计和施工基本都是单独进行的，这就导致很多专业项目之间的碰撞问题不能及时发现，比如消防工程和通风系统、给排水工程和通风系统之间。

上述问题都可以通过碰撞检查发现和整理，管线的优化和调整均可以利用管线的综合排布进行。

（二）安装工程管线综合排布

通过 BIM 技术在施工过程中的应用、整个机电安装以及土建模型的建立，对整合后的模型进行仔细的观察和分析，一旦发现碰撞点，立即进行合理的优化和调整。在综合布线过程中，要秉承规范、便于施工、经济等原则。这项工作其实就是对各个单独的项目工程进行深化设计。

1.走廊内桥架与管道综合排布

在 3 号地下车库施工的过程中，重点和难点均是水管施工，应充分考虑工程的后续施工以及施工完成后的使用要求,管道铺设方式应为双层敷设。将桥架铺设在上方位置,旨在降低桥架的反弯。风管需要铺设在下方位置,风管和水管必须水平铺设,水管和喷淋管的支架可以共用,控制标高约为 3 781 mm。

2. 走道交叉处桥架与管道综合排布

该工程 3 号地下车库在走道较差位置存在杂乱的管线布置。经过精心调整后,管道和桥架均需要双层铺设,尽量减少桥架翻弯的现象发生,将水管进行统一标高,共用支架。在后续施工过程中,还需要格外注意反弯高度以及施工顺序。

(三)图纸问题梳理及施工图纸交底

在施工前,需要进行 BIM 建模,建模的过程其实也是对设计图纸进行检查的过程,检查的时候随时和设计单位进行沟通。在进行图纸交底工作时找细微的问题,一旦发现问题,提前进行沟通和解决,以防止在施工过程中产生不必要的停工,从而促进施工可以顺畅进行,切实减少因为检查不细致造成的经济损失,有效提高建筑经济效益。

图纸交底的过程需要 BIM 技术的协助。在交底的过程中,汇总所有图纸的问题,当面答疑。一旦遇到有疑问的地方,根据三维模型对相关问题进行讨论,因为通过图纸来发现和解决问题更为快速。技术人员可以凭借图纸快速了解设计意图,从而在交底工作的过程中,对设计意图和目的进行增强,以利于后期建筑物的构件。

(四)施工方案模拟与优化

1. 方案基本情况

以 44 号楼为例,为了更好地对现场施工进行协调,特别是配合 PC 结构施工,将 BIM 技术应用到项目中来,对 44 号楼外墙悬挑脚手架施工进行模拟,另外,还需要对相关施工和技术管理人员进行技术交底,一旦从中发现不合理的地方,立即对其进行调整,优化施工方案。

2. 方案模拟优化调整

BIM 技术在项目工程中的应用,使施工方案在模拟过程中更为清晰。通过观察发现,构成某现浇混凝土剪力墙的封头模板有 1 根工字钢的布设,为了防止模板在加固过程中对施工造成影响,对工字钢的预埋件位置和工字钢位置进行了微调,将其向南平移一定距离,同时以交底的形式将施工方案的调整内容对施工人员进行告知。

（五）施工过程中的进度和质量安全管理

在现场施工管理工作中，BIM 技术其实就是帮助管理人员对施工现场进行管理的工具，不仅能提高工作效率，还可以切实提高工作质量。

1. 进度管理

该软件提供了沙盘模式，每一项施工工序的开始时间和具体完成时间都必须依据实际工作进度确定。将具体的施工过程利用沙盘进行动态演示，以方便办公室管理人员对施工现场进行管理和控制；同时需要专门设立例会对工程的实际进度进行介绍，通过团建的动态演示，对工程进度存在的问题进行动态分析；然后将动态分析结果和计划进度进行比对，确定实际进度是超前计划进度还是落后计划进度，一旦出现超前或落后，应对原因加以说明，并提出相应的改进措施。

2. 质量安全管理

（1）在对施工现场进行巡查的过程中，一旦发现安全隐患或者质量缺陷，应该立即凭借移动端设备对相关现象进行拍照并存档，尽可能地获取施工场地最真实的数据。尽量将问题精确到 BIM 模型的相关位置，然后通过记录照片、位置描述等技术对相关问题进行反馈。告知管理人员相应的整改问题及完成时间，尽可能快速地处理质量缺陷。另外，对于施工现象的安全隐患及时进行排查，可以将工作进行分包，将每月的闭环率和实际进度考核挂钩，切实提高问题的解决效率。

（2）管理人员还需要对安全风险因素以及质量影响因素进行及时地收集和汇总，经过分析后将相关问题进行分类，同时分析问题产生原因，对质量问题和安全风险行为及时进行纠正，同时给出一定的预防措施，防止相似的安全和质量问题再次发生。进一步确保施工可以顺利开展，切实提高项目工程质量。

综上所述，BIM 技术在装配建筑施工过程的应用，不仅可以将设计图纸的信息清晰反馈到三维立体模型中，更为直观和立体地显示模型，还可以协助设计意图的掌握和设计，对图纸问题进行细致的查找，对各类工程专业管道以及结构工程的碰撞问题进行有效的排查和解决，促进工程各个专业之间可以综合协调管理。本节详细介绍了装配式建筑施工工艺和 BIM 技术具体结合施工的重点和难点，以为后续施工奠定坚实的基础，切实提高相关工程的工程质量。

第六节 BIM 技术的高层建筑施工

随着房地产市场竞争的加剧，越来越多的房地产商开始在建筑方式和风格上进行加强。在结合当代科技发展的背景下，越来越多的高科技产品被运用到房屋建设中，如BIM 技术。对于高层建筑来说，如何运用 BIM 技术解决高层建筑建造过程中的缺点，正是目前值得探讨的问题。本节从介绍 BIM 技术的角度出发，分析了高层建筑施工的几项特点，并举出几个在高层建筑中运用 BIM 技术的例子，以此对高层建筑施工中的BIM 技术进行研究。

改革开放之后，尤其是在我国经济发展迅速的城市，高层建筑逐渐取代了以前的低层建筑。这也是我国顺应世界发展趋势的表现之一。因此，现在的建筑厂商几乎都是以建造高层建筑为主，这也就导致了几乎每一个建筑项目都包括高额的投资、广泛的建设单位以及建设周期较长的特点。这些特点也迫使建筑行业的施工过程做出相应的改变。

BIM 技术是建筑信息模型或者建筑信息化管理的缩写，其实都是以建筑过程中遇到的各种关联信息数据为基础，通过数学方法的处理，建立起一个共享的建筑信息模型。BIM 技术使原本陈列在文件中的项目数据，变成可以看见的三维模型，使建筑施工人员的工作更为简便。与此同时，在建造的三维模型中，BIM 技术也会使这些数据更加精细化，使建筑工人在进行建造过程中能够注意到一些细微的问题。因此，如果在高层建筑施工中引入 BIM 技术，便有可能解决高层建筑中的一些固有的问题。

一、高层建筑施工的常见问题

（一）建筑工人自身素质问题

在现代社会中，除了一些提供建筑方法的人员，身处建筑行业的劳动者们基本都是一些基层的社会务工人员。他们的工作特点是不稳定，只要有建筑工厂招工就会去工作。同时，这些劳动人员中有很多并未进行过专业的学习，因此，并不了解施工的安全知识以及突发事故的应急措施。这一现象几乎存在于每个建筑工地，因此事故频发。而对于高层建筑，这个问题更加严峻，因为一旦将建筑平面移到空中，那么必将会对工人的工作行为造成一定的影响。

（二）高层建筑工程的管理问题

在高层建筑施工的过程中，除了参与的投资方，还涉及其他的管理主体，有的时候还会与政府挂钩。这些不同的主体在建造过程中很容易产生一些无法调和的矛盾。比如，曾经有过这样一篇报道：某高层建筑在建造过程中突然被政府命令停止继续修建，因为这栋大楼最后修建的高度会超过当前的地标建筑，所以这个项目就此中断，而当时投入的资金已经无法挽回，于是各大投资商开始商讨解决的方案，在搁置了几年之后，才开始继续对该项目进行修建。所以在具体的建设过程中，多方的交叉管理会对建造过程带来一定的影响，甚至还会影响高层建筑的施工质量。与此同时，因为现在高层建筑的施工时间普遍较长，许多投资商都会选择由多个建筑团队来进行建筑，其实这种流动性的建造也会给施工带来一定的问题。因为两个施工团队所使用的工具可能不同，所使用的材料如果不是统一采购也有可能不同，所以在建造过程中应多加注意，以避免意外的发生。

二、BIM 技术在高层建筑施工中的运用

（一）BIM 技术在材料中的运用

如前文所述，投资商应当选好统一的建筑材料，而如何在众多的材料市场中选择所需要的建筑材料则可以运用 BIM 技术来解决。决策人员可以将需要的高层建筑的数据输入 BIM 数据库中，在数字化的模型中挑选合适的材料，与此同时，在选择材料的数量时也可以运用 BIM 技术，这样可以大幅度减少部门会计人员的工作量，还可以降低材料需求量计算错误的概率。在一些难以计算材料数量的施工行业中，比如钢结构的施工中，由于钢构件的不规则而导致的数量难以计算的问题，通过 BIM 数据库的演练就能够快速有效地得到想要的数额。

（二）BIM 技术在平面布置中的运用

在施工过程中，一旦进行施工器材的移动，就会耗费大料的资金，所以这些工作应该在施工前做好准备。这些准备工作也可以运用 BIM 技术来完成，决策者可以将整个施工场地的信息转化为数字输入数据库，利用 BIM 技术建造一个合理的施工场地模型，在这个模拟的施工场地中进行建造，如果发现哪个地方有不合理的安排，可以通过改变数据省去一些复杂的程序。

（三）BIM技术在方案选择中的运用

在信息化时代，人们对于方案的选择，更多的是使用相应的模拟程序，即输入确定的数据信息，从而得到自己所能获得的最大利润。在 BIM 技术中，决策者也可以将自己的方案通过三维模拟的方式进行选择。

总而言之，随着时代的进步、科技的发展，高科技产品在我们的日常工作中具有很大的辅助作用。BIM 技术就是在基于建筑学的基础上创建出的一种科技产品。将 BIM 技术与当下的高层建筑施工相结合，毫无疑问会给建筑行业带来很多益处，也会给建筑公司带来相应的收益。

第八章 BIM技术与建筑工程管理

第一节 BIM技术的建筑工程成本管理

在我国建筑工程成本管理中，BIM技术的应用已经较为普遍，随着应用实践的增多，相应的问题也逐渐增多。因此，加强对BIM技术的研究，提高其在工程成本管理中的应用水平成为当前国家、建筑行业和工程造价管理行业的重点。

所谓的BIM技术，就是以网络信息技术为依托的建筑设计技术。与传统的建筑设计相比，BIM技术容纳了更多的建筑信息，可以形成二维平面图形、三维立体模型等，为建筑师提供预算依据。建筑工程处在持续变化之中，工程模型参数也需要进行更改，BIM技术记录了建筑工程的各项数据，优化了建筑工程的技术方案，可以及时调整变化参数，形成高质量的设计图纸。设计图纸不仅是建筑工程的施工载体，也是建筑师的重要工作参照。提高设计图纸的水平，不仅能大幅度节约建筑成本，更能提高工程质量，达到预期目标。

在应用BIM技术的过程中，经常需要对建筑工程的模型图进行展示，修改结构线条、管路构造方式等。BIM技术不仅提高了建筑设计的可视性能，还消除了建筑工程的结构隐患。根据相关调查资料，应用BIM技术可以节省企业5%以上的投资，我国自2011年引入这一技术以来，创造了巨大的经济收益。

一、BIM技术的特点

（一）可视化

可视化是BIM技术最具代表性的特点，这主要是因为BIM技术有着独特的工作原理。可视化信息包括构件属性信息、三维几何信息以及规则信息3个部分。

（二）模拟性

模拟性是 BIM 技术最为实用的一个特点。BIM 技术在模拟建筑模型时，还能够确切模拟实时互动的情况。例如，可以模拟建筑发生危险时人们的撤离情况；也可以对一些天气变化、日照情况进行模拟。BIM 技术的模拟性能够更好地指引工作者进行建筑设计，能够让设计缺陷更为直观地呈现出来，并对各个特殊情况进行演示来改进设计方案，从而使建筑物的设计更加科学、合理，节省施工成本。

（三）协调性

在建筑工程管理中协调性是至关重要的，这也充分体现在 BIM 技术的应用之中。在施工过程当中各个部门必须做好协调沟通才能够更好地完成建筑项目，若是其中某个环节没有处理好就需要各个部门共同协商来解决问题。利用 BIM 技术来进行建筑工程碰撞检查，能够更好地为建筑工程施工提供依据。与此同时，BIM 技术不仅能够提升各个单位间的协调作用，还能够对物体的布置进行协调，提高资金利用价值。

二、BIM 技术在建筑工程成本管理中的应用

（一）设计规划阶段

在建筑项目的设计规划阶段，由于 BIM 技术的协调性特点，可以设计虚拟模拟来检查各个专业之间的碰撞问题，各专业从中提取所需的最适设计参数和相关信息，这样就提高了设计团队的沟通效率和设计质量，节约了时间成本，减少施工过程中因各个专业产生冲突而造成的变更和返工。BIM 还可以快速地对项目各种构件的信息数据进行统计分析汇总，通过该汇总可以获得准确的工程量统计，用于设计阶段对项目的设计预算和成本估算，从而大大减少工作人员的手工计算工作量，降低汇总的错误率。BIM 同时也可以为业主提供不同设计方案或建造成本，让业主进行比较选择，实现建筑工程的仿真设计和智能设计。

（二）建造施工阶段

建造施工阶段容易出现以下两个问题：①实际工程成本超过预算成本，导致入不敷出；②施工过程中，由于现场人员杂乱，材料管理不当，导致材料滥用和浪费。对于限额领料的措施，由于只有少部分人清楚成本预算情况，导致其执行困难。而 BIM 技术的出现可以让相关管理工作人员快速准确地获得项目的基础信息数据，为企业制定精准

的成本预算打下坚实的基础；材料员及施工员等实现限额领料、成本管理也以此技术和数据作为支撑。现阶段的期中成本核算也存在许多问题，比如由于项目成本控制时间跨度大，其各个阶段成本占项目总成本的百分比不准确、项目盈亏点模糊等。BIM技术可以将项目设计方案与实际施工的消耗量、构件单价、构件合价等数据进行计算、对比，精确得出各阶段的成本百分比和项目盈亏点，解决消耗量有无超标、进货分包单价有无失控等问题，进而实现对项目成本风险的有效管控。

（三）竣工验收阶段

在完成和验收阶段，BIM模型的信息量在前期投资决策阶段、设计阶段、投标阶段和施工阶段都得到了充分的补充和完善。它可以充分表达实际完成项目的数量，信息完全公开透明，对所有相关方开放。这有效避免了构造函数和承包商在完成的项目卷上的争执。BIM模型可用于提供完整的结算信息，确保结算数据的完整性和准确性，并促进结算的完成，提高结算效率，有效节省竣工验收阶段的成本。与此同时，在建设项目竣工结算过程中使用BIM，可以完成项目数据的多维统计、分析和比较，从建设投资效率的角度分析整个项目，建立相应的内部数据库，为今后类似的建设项目提供大量有效的参考数据。

（四）运营维护阶段

建筑施工完成后还需对其进行及时高效、科学合理的维护和管理，好的维护和管理可增加项目的使用寿命，而实施好的维护管理的要点之一是做好该阶段的成本控制工作。在项目的运营维护阶段，管理人员需制定科学合理的维护管理方案，通过降低项目耗能、提高建筑性能、防止维修费高输出，最终降低项目的总维护成本。BIM技术可以与物业管理系统相结合，对项目运营维护进行全方位的数据记录和空间定位，并制订出合理的维护计划，以降低建筑物在运营过程中出现突发状况的概率，规避在投入使用后出现不必要的问题，实现项目利益最大化。另外，针对建筑物的结构损伤、材料劣化及各种灾害破坏，BIM模型还可以进行建筑结构安全性、耐久性分析与预测。

三、基于BIM的建筑工程成本管理的建议

（1）政府加强BIM推广，制定符合我国国情的行业BIM标准。

在分析一些发达国家中的经验状态时，我们可以看到，这种形式的经验水平都是在政府的支持下产生的。在各种政策扶持的基础上，政府充分了解到当下的发展状态和趋

势，通过与各种高等院校的合作，产生了具有中国特色的 BIM 方案和标准。与此同时，还在很多项目中获得了试验成果。从中可以看出，合理标准的实施也是一种推广的方式，所以从建筑行业发展的状态看，改善应用意识和关键技术也是未来行业发展的方向。

（2）完善基于 BIM 的建设工程全过程造价管理体系。

BIM 将会被引入建设项目成本管理的整个过程，这将无法避免地让整个成本管理过程的工作方法等出现很大的不同，工作模式将从"点对点"转变为"点对面"。组织结构将由传统的成本顾问单位主导，而帮助每一个参与派对的组织将被改造成一个由业主带领的以 BIM 为基础的成本管理团队以及所有人员的全面参与。但是，由于我国国情的特殊性和建设项目市场环境的变化，相应的工作方法和组织结构不是静态的，一般不能应用于各建设项目和各企业，只有学者和建筑工人共同努力学习和完善，来促使基础建设项目过程成本管理得以成功实施。

（3）加强具备 BIM 造价管理能力的专业人才培养。

BIM 在建筑工程领域中起着越来越重要的作用。每个参与建设项目的人都要注意 BIM 技术的开发和使用，加强 BIM 软件和技术的培训，并特别关注 BIM-based 成本管理能力培养的专业人员。在整个成本管理过程中，基于 BIM 的建设项目，需要通过 BIM 成本管理团队的参与来建立，所以所有的参与者都必须精通 BIM 技术和专业人员的成本管理知识，这是实现基于 BIM 的成本管理工具开发和建设项目成本管理的整个过程的唯一途径。

总而言之，BIM 技术给工程成本管理带来了很多便捷，使结果更加科学、准确。随着 BIM 技术的逐渐成熟和环境的不断改善，BIM 技术将在以后的工程成本管理中更加地透明化和精确化。

第二节　BIM 技术的建筑工程安全管理

随着我国经济的迅速发展，建筑业已逐步发展成为我国的支柱产业之一，在推动国民经济增长过程中起着至关重要的作用。建筑业作为重要的国民经济生产部门，最大的特点是高流动性，生产工艺过程、作业场地不断变化，就地雇工，这些特点使其成为具有高风险性与意外倾向性行业。随着工业化和城镇化建设速度越来越快，建筑业的建设规模正在逐步扩大，建筑领域从业人数也在持续增加。建筑业的一系列特点使其成为一个高风险和事故频发的行业，建筑安全问题已经成为现在以及未来全世界范围内建筑业最为关心的问题。

科技在发展，时代在进步，建筑领域的安全管理也需要采用新技术和新的管理方法。BIM技术目前已应用于建筑全生命周期，从前期方案决策、设计到建筑施工管理，再到后期运营管理全过程，BIM信息可以从一而终。在建筑设计、施工、运营维护全过程的整个或者某个阶段，应用3D和4D信息技术，进行协同建筑设计、建筑施工、虚拟仿真分析、工程量计算、造价工程管理、设施运营维护等。近些年来，BIM技术越来越成熟，在国内应用越来越多，在各个领域已经产生了很大的经济效益。与此同时，BIM技术也给建筑领域提供了新的机遇，在未来的工程建设中，BIM技术将会被大规模使用。

一、建筑工程安全管理现状

（一）国内建筑工程安全事故情况

建筑业是一个安全事故高发行业，每年都有数百起安全事故发生。截至2016年全国共发生房屋市政工程生产安全事故634起、死亡735人，比去年同期增加192起、死亡人数增加181人，同比分别上升43.44%和32.67%。以上数据明确显示，国内建筑安全事故频发，每起安全事故均会产生不同程度的经济财产损失，甚至产生人员伤亡。每年国内建筑安全事故都会造成上千人死亡，且安全事故发生概率没有得到有效改善，由此可见安全问题的严重性。

建筑业安全事故的类型很多，最常见的有高空坠落、触电伤害、物体打击、机械伤害等。截至2016年房屋市政工程生产安全事故按照类型划分，高处坠落事故333起，占总数的52.52%；物体打击事故97起，占总数的15.30%；起重伤害事故56起，占总数的8.83%；坍塌事故67起，占总数的10.57%；机械伤害、触电、车辆伤害等其他事故81起，占总数的17.78%。

（二）国内安全管理现状

随着施工技术水平的提高，建筑安全问题正在逐步改善，但安全管理问题仍有很大提升空间。近些年来，建筑业无论是建设规模还是发展速度都取得了明显的进步，对国民经济发展起到了巨大的推进作用，但是同时建筑工程施工安全管理问题也越来越突出。建筑工程中的安全管理目标是整个项目实现的重要目标，建筑施工安全管理不仅关系到施工人员的人身财产安全，还关系到施工企业的荣誉及经济效益，也关系到建筑行业的发展，进而影响国民经济的发展。

目前，国内安全管理存在问题较多，主要分为以下几个方面。

（1）当前建筑工程仍然沿用旧有管理制度，大多工程项目中未全面采用现代信息化管理技术。

（2）部分建筑施工企业及项目管理人员对施工现场安全管理重视程度不够高，安全教育及交底不到位。

（3）很多工程项目中所使用的安全管理手段比较落后，需要研究国内外先进的安全管理方式，同时结合国内市场行情，积极推行先进的管理方法和技术工具。

（4）市场监管力度不够，部分施工工地监理制度等同虚设，没有能够充分发挥监理的监督作用。

二、基于 BIM 技术的安全管理

安全管理一直是建筑工程实施阶段的重中之重，从设计到施工，每一项新技术、新管理措施的应用，都为安全管理做了铺垫，建立起了一套良好的安全管理体系，在施工过程中贯彻实施，可以从根本上减少安全事故的发生，将安全隐患消灭于萌芽，并产生良好的经济效益。

应用 BIM 相关软件构建的模型包含了待建建筑物的所有构件及施工方案信息，建筑物中的所有相关信息集成了一个相对静态的基础数据库，为施工过程中潜在的危险因素及危险源识别提供了全面且详尽的信息平台。各阶段施工方案与施工进度计划相互配合，构成了相对动态的基础信息库，通过对各阶段施工过程进行模拟、场地布置以及碰撞检查，可以对施工过程中潜在的危险区域、施工空间、机具间的冲突等安全隐患提前采取相应措施，保障施工过程中人员和财产的安全，进而减少安全事故产生的概率。

（一）集成 BIM 的安全管理应用技术架构

集成 BIM 的安全管理，需要考虑组织、过程、信息和系统四要素以及它们之间的关系，结合 BIM 建模过程，从数据层、模型层、应用层 3 个方面形成安全管理技术架构。以此保证信息的有效传递，避免信息断层、信息割裂现象的出现。建筑信息具有异构、离散、海量、复杂、专业和文档化等特征，基于 BIM 的建筑工程安全管理架构体系可以保证信息无损传递，更好地将建筑相关信息运用于安全管理之中，保证施工现场安全管理有序进行。

1. 数据层

施工阶段的工程数据可分为结构化的 BIM 数据、非结构化的文档数据以及用于表达工程数据创建的组织和过程信息。将 BIM 数据以标准模式进行转化，如 IFC 格式，形成标准数据库；合同、招标文件等以文档形式进行存储，形成文本数据库，存储于文档管理系统中；施工过程中的组织及信息数据存储于相应数据库中。建筑、结构、幕墙、钢结构等相关数据集成交互，存储于工程管理平台，各专业间进行分享，提取出数据库当中的安全信息，对相关信息进行分析，提前做好防范工作。

2. 模型层

通过 BIM 数据集成平台，形成安全信息模型，根据不同需求，可以生成相应的安全信息子模型，如临边、洞口识别模型，脚手架安全模型，机械设备安全辐射模型等。根据施工需要，向应用层各施工管理专业软件提供模型和数据支持，更好地将模型应用于施工安全管理。

3. 应用层

结合工程管理云平台，将 BIM 模型连同生产的相关子模型，以及相关施工数据上传到云平台，组成基于 BIM 的建筑工程安全管理系统，进行施工安全与冲突分析，便于管理人员实时掌握施工现场情况，排查安全隐患。如临边洞口是否有工人逗留、机械覆盖区域是否存在交叉作业等。通过基于 BIM 的安全管理系统，结合其他施工管理系统，可以更好地对施工现场进行监测管理，利用信息化管理平台，掌握施工现场安全动态以及施工人员施工行进路线，及时消除安全隐患，提供安全保障措施，当工人接近危险源时提醒其远离，确保施工现场安全状态。

（二）BIM 技术在施工安全管理中的应用

1. 危险源识别及危险区域划分

工程施工前，建立以 BIM 模型为基础的危险源识别体系，根据《重大危险源辨识标准》要求找出所有潜在危险源，如临边防护、洞口、安全通道等，并在工程项目模型信息中予以标注，在建模过程中用不同的警示颜色表示不同危险源的危险程度。通过建立危险源识别体系，可以非常清晰地识别施工现场可能出现的危险因素。

在施工模拟过程中，根据危险源体系识别结果，可以将所有危险源按照事故发生概率和事故产生损失量划分为 4 个安全事故发生风险区，并采用红、橙、黄、绿 4 种颜色予以标注，根据危险程度指导施工。比如，将起重机吊臂下方及吊臂覆盖区域标记为红色，起重机运作期间吊臂下方禁止站人，吊臂覆盖区域内施工工序暂停施工。建模及危险源标注完成后，尤其是重大危险源，需在施工现场标识牌处张贴公示，让所有施工参建人员了解到整个施工现场哪些部位存在危险以及危险的大小。

2. 安全交底及施工现场安全信息化管理

传统安全交底模式，只是安全负责人对工人进行简要说明，可视化程度低，工人接受程度不高。对一些危险地段的施工注意事项也做口头说明，工人没有办法切实感受到施工现场的危险性，也没有办法直观地感受危险源的存在，施工现场的安全隐患无法在工人头脑中形成深刻印象。结合BIM技术，对施工现场中容易发生危险的位置进行标识，将BIM模型导入VR设备中，使用VR设备对工人进行交底，让工人对施工现场所发生的安全事故有一种身临其境的感觉，可以切身感受到施工现场危险源的存在。通过BIM结合VR技术对工人进行交底，工人可以更好地对危险源进行识别，将安全隐患存在点及其危险程度深植脑中，在施工过程中接近危险源时提高警惕。通过VR模拟安全事故发生的场景，可以让工人更清楚地了解身边的危险，以便于了解危险发生时如何应对以及如何进行应急处理，保证自身安全。

现场的BIM工作团队将工程危险源在模型上进行标记，安全员在现场指导施工时，可以查看模型上对应的现场位置，查看施工时应该格外注意的问题，对现场的施工人员操作不合理的地方进行调整，避免安全事故的发生。安全管理人员现场巡视时将现场图片实时上传到安全管理平台系统服务器中，挂接在模型上和现场对应的位置，让项目管理人员无须亲临现场就能实时把握现场施工进度及安全情况，查看现场的安全措施是否到位。

3. 现场平面管理及施工空间冲突管理

建筑工程施工现场尤其是城市内新建工程，施工场地狭小，现场施工难度大，大型机械设备不易施展。施工空间随着工程的进展不断变化，会直接影响工人的工作效率和施工安全，多个工作面交叉施工会带来各项安全隐患，提高安全事故发生的概率。

利用BIM模型、信息数据库以及管理平台对现场作业平面进行分析，包括对平面尺寸、构件布置、施工线路分析、各类施工材料堆放、机械布置、临水临电、临时出入口等进行分析，通过可视化模拟工作人员的施工状况，可以形象地看到施工工作面、施工机械、施工材料、构配件等的布置情况，评估施工进展中这些工作空间的可用性、安全性，可以大大提高施工效率，降低施工安全风险。

通过 BIM 模型的碰撞检查及施工模拟，能够很好地分析出施工现场安全事故可能发生的概率和事故发生时的严重程度，结合项目自身需求和动态实时调整施工计划。按照不同专业对施工现场空间、机械设施和施工人员的需求，进行平面部署和组织部署调整，进而达到最佳的空间立体规划，最大程度提高场地利用效率、降低安全隐患的发生。

BIM 技术在我国正处于蓬勃发展阶段，许多大型、复杂建筑项目均将 BIM 技术应用于建筑物全生命周期中。随着 BIM 技术的成熟，未来会有越来越多的工程项目使用 BIM 技术，将安全管理与 BIM 技术相结合，可以有效控制安全事故的发生，减少安全事故发生概率。

本节构建了集成 BIM 的安全管理应用技术架构，在建筑工程施工阶段，应用 BIM 技术进行危险源识别及危险区域划分、安全交底及施工现场安全信息化管理、现场平面管理及施工空间冲突管理，充分发挥 BIM 技术在施工中的优势，达到事前预防、事中控制和事后处理的全过程控制和管理。应用 BIM 技术不仅可以提高施工现场安全管理工作的效率，而且可以进一步加强工人对施工现场安全管理的理解和认知，以及应急处理能力，从而改善不良的施工现场管理现状，提高安全管理水平。

当前，国内 BIM 技术在实际工程中多用于碰撞检查、虚拟施工，以及验证工程项目设计的可行性。未来对于 BIM 的安全管理研究，要理论联系实际，将研究成果有效应用于工程项目中，解决管理不足及沟通不畅等问题，实现项目集成化管理，能够有效减少安全事故的发生，保障人员及财产安全。

第三节　BIM 技术的建筑工程运营管理

BIM 是一类新型的信息化模式，通过 BIM 技术可以更直观地将工程项目的各类数据信息展现出来，同时还便于工作人员及时调取相关的资料，并查看数据信息，给项目施工活动的开展带来了很大的便利，同时还会让建筑施工单位的工作效率及质量得到明显的提升。在使用 BIM 技术的过程中，掌握好该项技术的使用要点，不能只是将其当作工程信息的工具，同时还需要凸显出该基础的信息化与智能化特性，充分发挥出该项技术的使用效应，正确认知 BIM 技术投入工程运营管理中的价值，构建更为直观的建筑信息模型，全面提升施工的效率及品质。

简单来说，BIM 就是建筑信息模型。该项技术是当前我国建筑领域使用的一类新型的数字化工艺技术，利用该项技术可以有效地改变工程项目实际的运行形式，同时还会凸显出工程项目建设的收益效果，让其从原本的二维空间更好地过渡成三维空间。妥善应用数字化技术，为模型的构建提供物质信息的保障，让其拥有和实际状况相匹配的工程数据信息库。在该数据信息库当中，不但可以及时、有效地得到建筑设施的各类状态化数据信息，同时还可以利用三维模型将其运动行为以及非构件对照对象的实际状况展现出来，进一步提高总体建筑设施的集成性，让其更好地监管工程项目的全过程，这样不但可以减少工程成本，还可以提升工程项目的建设质量。

一、BIM 技术在工程管理运营中的特性

首先，BIM 技术带有一定的模拟性。在实际设计施工图纸时期，企业要利用模拟性的实验，虚拟化建筑设施实际的构建状况，让工程项目的进展更顺畅。在大部分情况下，都可以模拟出建筑构造所存在的安全性问题。举例来说，在紧急疏散层面，工程造价的管控可以借助 BIM 技术进行监管，有效提升其各个层面的经济收益。

其次，BIM 技术的协调性较强。在工程运营管理时期，协调性的应用十分重要，这主要是由于完整性的工程项目内部存在的部门数量会比较多，这些部门都必须保持一种良好的积极配合的状态，只有这样才可以更好地解决工程项目管理设计所存在的各类问题。一旦出现了复杂性比较强、隐患性比较高的工程项目问题，项目的相关部门及单位就必须进行联合化商讨，企业的管理层要对产生问题的原因进行深度的探究，在较短的时间内执行问题的解决方案。该种运行模式存在着一定的局限性，在科学技术的带领下，BIM 技术的使用可以更好地突现其自身的协调性，同时还可以妥善布置工程项目的内部，赋予其布局更为合理的特征。

最后，BIM 技术的可视性会比较高，建筑建设时期施工方式的多样性也会比较强，这在无形之中提高了工程项目的要求标准，如果使用传统的设计施工图纸，那么质量性缺陷问题就会比较严重。现场的施工人员只能依靠自身的想象进行施工，这种状况会影响工程项目的实际施工速度，同时还会导致工期被延长。但是 BIM 技术则可以在施工活动开展之前，用三维模型更好地展现建筑设施，还可以借助可视性的特征建设内部构造，让工作人员更顺畅地开展各项工作。

二、BIM 技术对工程运营管理的运用与意义

BIM 技术的使用可以帮助建筑施工单位较好地完成总体开发工作等任务，同时还可以轻易地细化具体的管控项目管理各环节、集合工程项目相关联的各项内容，比如施工图纸的设计以及审核监管等环节，赋予其信息化管理的特性；通过以数据模型以及功能模型为基准，构建更为完整的数据分析库，完成总体项目任务，有效规划布局，合理调配各项资源；同时还需要补充完整企业的各类构件信息系统的内容，完善信息资源的管控规则，构建更具标准化的信息系统；有效地整合并分析各项数据信息，遵守精简系的基础性原则，管控工程项目。

另外，BIM 技术的使用还可以为项目监管人员供给更为小型化的数据信息，让企业更好地进行资源的调配；减少企业所投入的管理成本费用，把互联网当作媒介，借助网上平台等网络形式有效地提高与物流以及采购等工作环节相关联的数据信息透明程度；利用互联网这一形式更为透彻且深入地了解当前我国国内的建筑市场运行状况，同时还可以更为高效地对各类商品的价格以及质量进行比较，这样可以优化工程项目采购工作环节，同时还可以降低总体购置各项费用的成本，更为清晰地搭创网络数据化平台，稳定市场的实际性秩序，让公益市场可以更为稳定化发展。除此之外，在项目施工管理等环节，可以利用该技术对材料设备进行整合，观察其施工状况能否达到相应的标准，尽可能地降低各个层面的费用损耗。

三、BIM 技术在工程运营管理中的应用

BIM 技术的使用可以优化工程项目的建设以及构造等环节，在规划建设工作开展时期，借助 BIM 技术构建三维立体化的模型，这样可以让施工环节的各个流程达到资源共享的状态。

例如，如果设计人员和客户进行沟通，以客户的实际性需求构建建筑模型，结构设计时再优化总体建筑模型，对其进行改造和优化，在模型构建完毕之后，再将其转交给设备的工程师。工程师把各项数据参数输入其中，在该设计时期各个环节的衔接性都比较顺畅，且沟通的效率也会比较高，总体施工进度比较快。

传统的手绘设计图纸形式通常使用二维软件来设计施工图纸，在图纸施工任务结束后，将相应的软件导入其中构建三维模型。该设计图纸的形式不但会损耗较多的时间，

同时还会浪费更多的资源。但是 BIM 技术的使用可以完全越过二维图纸设计这一工序，直接构建三维立体化的模型，这不但可以有效节约总体的施工时间，还可以规避风险，防止其出现浪费等不必要的问题。借助 BIM 技术可以及时找出工程设计时期所存在的各类问题，并对这些问题进行纠正及审查，把相关的数据信息及时录入其他分析软件，对项目需要使用的资金成本进行精确化的预算和估算。

（一）BIM 在工程验收时的运用

工程项目在竣工之前需要及时验收，验收环节对工程项目运营管理来说显得十分重要，必须严苛设定验收管理标准，才可以从根源上保障工程项目自身的质量。我国传统验收工作存在一定的缺陷性，同时工作人员的工作任务量也会比较大，验收审核环节的不透明问题比较严重。利用 BIM 技术可以让其工程管理的数据资料变得更加全面、完整，同时还可以推进验收工作的开展，给验收工作提供更为有力的技术性保障。

（二）BIM 技术在工程造价管理中的应用

BIM 技术构建三维模型，其数据库的功能会更加多元化，可以给工程全生命周期提供更高品质的信息化服务，其所展现的应用优势十分显著。在工程项目当中，业主的意见也是施工方需要进行工程造价监管等各项工作的重要因素，所以建筑施工单位需要对业主期望的施工效果进行分析，将其更好地融入施工方案的内部。在这之后，再利用 BIM 技术及时进行模拟和审查，企业不断优化设计方案，进一步减小施工的成本费用，切实提升总体资源能源的使用率，利用 BIM 技术简化总体工程量计算的流程，让其所得的数据信息变得更加精准，优化地配置项目的建设资源，减小项目的管理成本。

（三）BIM 在的信息管理效率中的应用

工程项目的各分支项目是信息管理工作开展的重要环节，其和建筑施工单位内的信息数据管理之间的连接关系比较紧密，包含项目前期的准备计划以及管理范围之内的全部信息数据的管理。企业可以借助 BIM 技术开展信息管理等工作，站在施工环节以及施工质量检验等层面，严苛审查、审核各类数据信息的精确性，并总结、分析好收集整合的信息，构建更具系统化的信息管理单位，有效提高总体管理工作开展的效率。

（四）BIM 技术在施工安全管理中的运用

我国传统的建筑施工单位在监管时，通常会采取隐患排查的形式来降低各类危险事故的发生概率，该种隐患排查机制的使用虽然可以进一步减少各类危险事件，但是其不能从源头上进行安全化的监管，合理使用BIM技术，精确化拟施工的全过程，细节化处理各项施工环节，让其技术投入整体的施工过程，工作人员可以更为清晰地掌握存在安全隐患的位置节点，这样可以让其使用的预防制度变得更加合理，同时还可以进行安全管理的可控性监管。因此，在开展施工安全管理的过程中，BIM技术可以在前期准备环节对潜在的危险因素进行筛查排除，并及时对有可能发生的安全隐患采取预判机制，另外还可以对作业人员的具体施工状况展开实时监控，以便于管理工作人员更加综合地了解具体施工状况，减少危险事故。

（五）BIM技术在质量管理中的应用

通过BIM技术，对施工过程中材料的使用进行监督，必须要按照图纸设计要求使用材料，避免缺斤短两的豆腐渣工程。此外，可以通过BIM技术建立相应的数据资源库，落实好材料质量等问题的负责人，建立完善的材料管理措施，将责任落实到每个人，确保材料验收合格之后才能进入施工作业现场，验收环节要符合国家要求，做好验收记录，这样能防止出现问题导致的推诿扯皮现象。

（六）BIM技术在建筑项目工程设计方面的应用

现今的建筑项目工程施工不再是以往片面的"工程施工"，而是将建筑项目工程所涉及的各环节有机整合在一起的系统化施工流程。其囊括了建筑项目工程所需的各专业、各行业技术人员，通过上述人员之间的共同协作保障建筑项目工程的顺利完成。BIM技术能为上述人员之间的沟通协调提供良好的平台。例如，BIM技术可以为建筑项目工程的设计、技术人员提供意见交流与分析平台，并将技术与设计人员所做的改动实时展现给建筑项目工程施工方，这可以有效避免建筑项目工程施工中因信息沟通不畅而产生的矛盾。BIM技术在这种现状与基础上不断地完善三维立体化模拟设计平台，在设计平台中，设计人员可以对二维图像中存在的隐藏问题进行剖析，结合工程项目三维立体化模拟平台，经过多方研究探讨后确定项目的最终设计，进而起到对设计风险严格把控的实质作用。

四、工程运营管理中的BIM管理优化

根据施工现场的实际情况收集相关数据信息，构造BIM管理框架，建设BIM技术管理模型，把收集的相关数据存入数据库，建立共享数据平台，完成数据分析、读取与保存后，建造BIM数据信息模型；调整工程管理系统的结构，重视工程施工项目的综

合管理，建立综合管理体系与软件管理系统；建造动态系统，完成工程建设的人力、物力、经济以及设备等方面的统计与分析工作；运用先进的信息技术建设分析系统，利用BIM技术实施工程模拟，此外，在施工过程中如果需要改变工程结构，还要计算相关数据，方便更好地对建筑安全进行评估。

我国传统的工程项目建设管理形式已经无法适应当前建筑行业的发展，也无法满足人们对建筑项目的需求，需要利用BIM技术对建设管理进行不断的改革和创新，使BIM技术可以更好地投入建筑领域。这样可以优化工程结构的设计形式，同时保障建筑的品质，有效提升整体工程项目建设的施工效率，让我国建筑行业维持一种良好的可持续性发展状态。不过，我国BIM技术实际运用时间比较短，在实际使用时还存在一些滞后性的问题。因此，应就我国建筑行业实际的发展状况探究BIM技术的管理要点，及时开展项目的运营管理工作，让我国建筑行业可以更好地发展，为人们的人身安全以及财产安全提供坚实的保障，避免出现资源能源浪费等现象，高效合理地控制造价，优化信息管理模式。

第四节　BIM技术的建筑工程造价管理

科学技术迅速发展，我国建筑信息技术手段也不断更新，基于信息技术手段的不断更新，建筑行业迎来了较好的发展机遇。在建筑工程项目管理实践中，工程造价管理越来越受到建筑从业者的关注。BIM技术的应用可以为建设工程造价管理提供新的思路和解决方案。当前建筑工程市场竞争较大，工程建设项目周期长、投入大，建筑企业想要在如此激励的建筑竞争市场上占有一席之位，就需要紧跟信息化时代的步伐。本节将对BIM技术在工程项目造价管理中的应用以及当前BIM技术应用存在的问题，进行简要的探析。

一、当前工程造价管理存在的问题分析

（一）工程造价管理机制滞后

我国改革开放的程度不断提升，市场经济体制也日渐成熟，但在建筑工程市场仍然存在计划经济的思想和理念，影响和制约着建设工程项目的造价管理工作。在传统的旧

模式下，建设工程造价管理已经远远滞后于当前日益发达的建筑产业。传统模式和理念已经成为影响建筑行业快速可持续发展的重要障碍。

（二）工程造价模式缺乏准确的数据作支撑

经济发展日新月异，建筑工程项目涉及的各类材料价值也随着市场的供需而不断变化。传统工程造价模式通过定额的方式对各类物资实现计价，但还是不能较好地解决信息落后的局面。价格信息变化不能实时反馈，所采用的相关信息相对比较滞后，这就导致当前工程造价模式与市场经济体制脱节。与此同时，在制定工程定额时，以消耗量指标来反应各个区域平均生产力的水平，但消耗量更新不及时也会导致消耗量指标的不精确。因此，脱离了信息化手段的工程造价管理很难及时捕捉市场经济的变化，是一种陈旧的模式。

（三）工程造价管理技术受限

随着我国改革开放的水平逐步提高，国内各类建筑工程项目的规模越来越大，这给工程造价管理过程提出了更大的挑战。造价工作的各个环节，需要处理的数据量十分庞大，且计算过程日趋复杂。传统的人工手算的方式，不但费时费力，效率极低，还很容易出现人为错误，给造价工作带来很多困扰。现在流行的单机软件预算方法虽然解决了效率问题，但还是因信息化程度不高，制约了工程造价管理技术的突破和提升。

（四）工程造价管理方式相对比较落后

我国实施市场经济体制以来，经济得到了空前的发展。与此同时，对工程造价管理的相关工作也提出了更高的要求，建筑行业的改革不断推进，工程造价管理工作也需要不断去适应新的规定和发展需求。盲目的守旧只会造成阻碍和停滞，当前应用的定额管理模式，虽然代表了平均生产力，但很难及时与当前市场经济发展形势相匹配。与此同时，建筑工程项目造价管理的各个机构之间没有较好的沟通渠道，各个部门各行其是，缺乏有效的统一管理，不利于信息的及时有效沟通。

二、BIM 技术在建筑工程造价管理中的应用研究

（一）工程造价信息库的建立

造价信息库的建立可以实现工程项目施工成本的降低。通过应用 BIM 信息化手段，建立起建筑工程项目信息库，将建筑工程各类要素以及不确定性因素统一在一起，可以

消除信息沟通的障碍，实现信息沟通的顺畅性，也为建筑工程项目造价管控提供了新的思路和方法，实现对各类工程支出与成本的有效管控。信息库的建立，为工程造价提供了动态化管理各类造价信息的平台，全面提升了工程造价管控的效率。

（二）投资决策阶段控制管理的应用

BIM技术可实现项目建造过程的三维动态模拟，在投资阶段，可以采用BIM信息化手段，建立起拟建项目的BIM模型，在该模型上，可实现投资过程的模拟。在此基础上结合评估指标进行评估，可很快获取总投资概算。因此，基于BIM技术的模型平台，可收集到对投资决策有帮助的关键信息，帮助调整投资方案，并获取更高的投资回报，避免因决策所需信息获取不充分而导致亏损，为不断增强企业核心竞争力提供技术基础。

（三）工程设计阶段

工程设计阶段是后续实施造价管理工作的一个重要环节，所产生的费用约占总费用的3%，是一个较高的费用支出。因此，在实施建筑工程项目设计阶段，应该将BIM信息化技术与CAD图纸结合起来，并对其进行有效的技术整合，便于造价从业人员更快地获取关键信息，并及时实施调整。在工程设计阶段，设计人员通过运用BIM信息化手段，也能够提前模拟施工可能存在的风险，有效避免因设计缺陷导致的资金亏损。

（四）招标阶段的BIM技术应用

若是在工程项目招标投标阶段应用BIM信息化手段，则可以提升企业在投标活动中的核心竞争力。施工单位通过采用BIM技术，可以BIM信息化的形式向业主进行展示，业主在BIM系统平台上对施工单位所采用的施工工艺一目了然；另外，基于BIM信息化手段进行投标方案的呈现也能够打破传统的标书制作模式，大大提升了招标投标工作的落实效率，为企业在招投标活动中争取有利的先机和竞争力。

（五）工程施工阶段的BIM技术应用

建设工程项目施工周期长是其显著的特点之一。随着建筑工程项目的逐步推进，其存在的不确定性因素也会不断增多，各类材料会因为价格的波动而影响成本，进而给造价管理工作带来严重的困扰。实践中，在施工阶段应用BIM信息化手段，可以有效解决这一问题。采用该技术，其核算结果较过去更为准确，真正实现了与工程项目施工现场的实时联系，发现问题便可以实时解决，提升了工程项目施工的效率，大大降低了施工的成本，有利于工程造价人员对造价事务的管控。

（六）竣工阶段的 BIM 技术应用

竣工阶段是整个建设工程项目的最终环节，也是各参与方比较容易出现分歧的关键环节。传统的建设工程项目，在竣工阶段的资料整理过程中，往往会出现资料丢失以及图纸不全等诸多问题。上述问题的发生，会影响整个建设工程项目结算工作的顺利实施。基于 BIM 的信息化技术手段，可以有效避免这些问题及隐患。BIM 信息化技术平台能够高效存储建筑工程项目从开工到竣工结算的所有重要信息和关键资料，有效避免了因资料存放时间长而导致的丢失问题，大大提升了建筑工程项目竣工结算的效率，同时也避免了建设工程项目各参与方发生冲突的可能。

BIM 信息化技术手段的推广应用，给建筑行业的迅猛发展提供了新进的技术支持。实践证明，基于 BIM 信息化技术手段的建筑工程实施过程，变得更加高效、正规、稳健。作为建筑工程项目实施的重要环节，工程造价管理也因使用 BIM 信息化技术手段而不断地革新与发展。建设工程项目工程造价管理的水平，关系着建筑企业能否不断提升核心竞争力，也关系着工程造价工作的质量。本节基于笔者的实践经验，对工程造价管理过程中存在的问题进行了探析，并在此基础上提出了应用 BIM 信息化技术的关键作用，同时研究了应用 BIM 信息化技术在工程造价管理过程中的应用方法。

第五节　BIM 技术的建筑工程设计管理

建筑行业的快速发展带动我国其他行业迅速发展的同时也改善了人们的生活水平。随着生活水平的提高，人们对住房及其他建筑提出了更高的要求，使建筑工程行业面临着巨大的挑战。因此要科学地将 BIM 技术运用到建筑工程设计管理中，提高工作人员的理论知识和实际操作技能，以及应对突发问题的能力，同时提高建筑工程施工效率，优化工程施工程序，使建筑物满足居民日益增长的需求。

一、BIM 技术在建筑设计管理中应用的意义

（1）应用重要性。建筑工程设计管理对于建筑工程的设计质量有着极为重要的作用，要想确保设计质量，就应当对设计项目进行科学有效的管理。在设计管理过程当中，将先进的生产流程与科学技术有效引入其中，才能够确保建筑质量。例如应用 BIM 技术，运用数字模型有效地进行智能化与数字化设计。将 BIM 技术应用于建筑工程设计

管理中，主要是起到沟通的作用，能够促进建筑行业的可持续发展，切实提高工作质量与效率。

（2）应用适应性。应用BIM技术作为建筑项目设计与管理的信息桥梁，能够为传统的设计模式提供科学合理的数据分析与设计新观念。同时，有效促进了建筑管理项目的发展，可以以数字化与智能化信息平台科学管理、规划设计文件，将建筑工程中的文案设计与项目策划、初步设计与施工图纸等众多环节有效衔接，构成和谐统一的整体，为建筑工程项目的设计与管理工作提供了优势，切实提高了设计管理质量。

二、BIM技术在建筑工程设计管理中的应用

（一）优化建筑工程前期设计的动画展示

BIM技术本身就具有强大的模型建造及动画渲染功能，再加上其可视化的特点，因此能够将建筑设计用动画的形式展示出来。非专业的建设人员完全可以通过动画展示来理解建筑前期设计的关键内容，进而对工程设计方案提出自己的见解，同时也可以收集更多的意见和改进方案，以此来优化建筑工程前期设计方案，提高工程设计的科学性和可行性。另外，在建筑的设计和使用功能产生变更时，利用BIM技术的动画展示功能只需要用很少的时间就能对建筑前期的整体设计图纸进行全面的优化和修改，同时对建筑动画进行及时有效的更新。在传统的建筑工程项目施工中，其工程设计只是简单地把各个区域的管线布置等设计图进行叠加，并按照既定的排列原则进行层次排列，因为建筑工程对系统管线的要求非常高，所以还需要针对重点区域单独绘制管线布置的剖面图，这样就大大增加了工作量，而且要用更多的时间去设计和理解图纸；而BIM技术的动画可视化功能可以有效地解决这一难题。

（二）应用于建筑模型

BIM建筑模型信息技术已经有效应用于计算机等众多领域，在建筑行业也得到了广泛的应用。目前，国内大部分建筑单位与先进的设计机构都设立了BIM技术部门，同时全球范围内的专业BIM咨询公司也逐渐应用BIM技术进行建筑设计施工。例如，上海中心大厦的塔楼设计，形体空间极为复杂，BIM设计公司应用BIM设计思想有效解决了曲面定位问题，并且加强了三维的设计协调，有助于确保机构与施工间的协调运作。构建建筑模型能够有效替代建筑物，施工人员也能够将设计思路进行具体化，在施工设计过程中，由于建筑模型有极为重要的价值，融合了众多的自然学科以及各项建筑设计

理念，所以构建建筑物模型必须要为建筑物构建物理条件，才能够确保后期的相关理念与设计方法融合其中。所以，构建建筑物具体特征与状态时，会对建筑物的内外部进行综合分析，才能够确保建筑物模型的设计合理性。在结构设计中也要加入建筑物经常使用的参数，有效扭转传统缺乏参考性与灵活性的弊端，有助于实现个体与建筑模型的直观交流。

（三）利用 BIM 技术优化施工

在将 BIM 技术应用到建筑工程设计管理的过程中，检测与项目管理相结合是否有利，优化施工过程，使施工的可行性变得更高，避免施工过程中出现技术方面的矛盾和冲突。建筑工程专业人员应当在与项目管理结合之前，先利用 BIM 技术模拟结合之后的场景，检测是否会出现矛盾或者冲突，再决定是否要继续将 BIM 技术和工程项目管理继续结合。如果通过模拟发现二者结合起来所计算出的数据与实际不同，则说明二者结合起来并不有利于施工，也不能避免失误，那么建筑工程的专业人员就要继续利用 BIM 技术检测可以结合的项目，优化工程施工过程。

（四）各专业协同设计的应用分析

众所周知，当前建筑工程设计工作所涉及的具体模块、内容和专业领域越来越多，而且各专业领域之间的复杂程度也在不断提高。工程设计人员要高质量完善建筑设计工作不仅需要考虑建筑结构，还需要综合考虑电气工程、给排水工程、暖通工程和后期的装修装饰工程等设计。在 BIM 技术中可以对各专业领域更好地实现协同设计，工程设计人员可以在 BIM 技术平台上全面获取自己所需要的信息资料和相关数据，并对其进行协调处理，特别是对于不同专业领域、不同模块中的关键点等更需要进行有效的融合。这在建筑工程管线布置设计中也有具体的应用体现。在现阶段建筑中，涉及的管线越来越多且越来越复杂，能否做好管线的布置设计能够真正考验一个设计人员的综合能力。为了提高管线设计的协调性，可以应用 BIM 技术来对其进行协调区分，利用其可视化技术和三维建模技术来保证各个管线区各行其是，有效避免出现矛盾和交叉，这也是传统 CAD 技术所做不到的。

在建筑工程管理过程中，科学运用 BIM 技术有利于对建筑工程项目的各个环节开展科学、有效的管理，让建筑工程项目的各方资源得到科学利用和优化配置，从而确保各个环节的工程管理科学、有序开展。

第六节　BIM技术的建筑工程预算管理

建筑工程预算管理工作是工程项目的重要内容，与建筑工程项目的收益密切相关。为了更有效率地加强建筑工程预算管理工作，在工程预算管理过程中引进先进的技术——BIM技术。BIM技术对于建筑工程预算管理工作来说具有很多优势，应用价值比较高。本节就基于BIM技术下的建筑工程预算管理研究进行分析和讨论，为做好建筑工程项目提供一些参考。

当今社会经济、科技水平快速发展，我国各项基础设施建设以及城市化进程不断加快，对建筑工程管理质量的要求也变得越来越高。要想提高建筑工程管理工作，必须提高建筑工程预算管理水平，工程预算是对工程项目在未来一定时期内的收入和支出情况所做的计划。它可以通过货币形式来对工程项目的投入进行评价并反映工程的经济效果。工程预算能为考核工程成本、编制施工计划、工程招投标报价以及确定工程造价提供依据，会直接影响建筑工程的建设。

BIM技术通过一个个模型来表达建设项目物理和功能特性，可以加强工程建设整个过程的成本控制，有效提高工程预算管理水平；实现信息资源共享，为决策者提供参考价值；为建筑工程提供设计模型，方便工程建筑工作。基于BIM技术下的建筑工程预算管理工作将会更有优势。

下面将基于BIM技术下的建筑工程预算管理研究进行分析和阐述。

一、为工程项目投资决策提供参考

投资预算是建筑工程项目建设前期从投资决策到初步设计之前的重要工作，能够为投资决策提供有价值的参考，以保证投资决策的正确性，为工程项目获取收益。BIM技术在建设工程预算管理下，能模拟建筑信息，利用建筑模型中的信息对预算数量进行复核，实现与设计流程同步的成本预算。BIM技术还可以直接生成建筑工程中的材料名称、数量和尺寸，以减少建筑设计费用和人工。

投资预算是实施全过程建筑工程预算管理的起始，是控制设计任务书下达的投资限额的重要依据，对建设设计编制施工计划有至关重要的作用。投资预算的准确性直接影响建筑工程项目的决策、工程规模、投资经济效益。

二、有利于工程项目进行准确的招投标

在建筑工程项目进行工程招投标过程中，需要计算的工程量比较大。以当下的工程量清单计价模式为例，在招投标阶段，招投标双方都要对工程量计算两遍，而且是通过人工计算的，工作量极大，对计算人员具有很严格的要求，工程项目需要花费大量的时间、精力和金钱，而且人工计算会出现比较大的误差，这些误差对人工计算来说无法避免，比较大的误差很难实现准确的招投标。

在工程预算管理中运用 BIM 技术，能通过设计方提供的包含数据信息的 BIM 模型，对招投方提供的一些数据进行分析，从数据库中提取有用信息，针对工程量信息为工程项目制定比较精准的工程量清单，避免了人工计算过程中出现的错算、漏算等情况，从而保证招投标项目的正常进行。

三、有助于提高成本预算的精准性

在传统的工程建设项目流程中，不同专业人员分工比较明确，各不干涉，比如工程建筑师负责工程建筑的设计工作，关于建筑材料的计算量和工程成本预算的信息工程建筑师不干涉，这些建筑成本的计算工作归属预算人员。因此，建筑工程预算人员不仅要学会成本预算管理，还要读懂建筑师的设计图，这样才能做好建筑成本预算管理工作。在 BIM 诞生以前，预算人员在进行成本预算时，通常要先将建筑师的纸质图纸数字化，或将其 CAD 图纸导入成本预算软件中，或者利用图纸进行手工计算，这样的计算方式增加了人为错误的风险，也会使原图纸中的错误继续扩大。

但是基于 BIM 技术下的建筑工程预算管理可以利用 BIM 的模型来取代图纸情况，所需材料的名称、数量和尺寸都可以在模型中直接生成。而且这些信息将始终与设计保持一致。如果设计出现变更，相应的信息也会随之发生改变。比如，若窗户的尺寸缩小，该变更将自动反映到所有相关的施工文档和明细表中，预算人员使用的所有材料名称、数量和尺寸也会随之变化。预算人员进行编制成本预算时，50% ~ 80% 的时间要用来计算数量。而通过 BIM 技术的建筑信息模型可以实现模型共享的数据，节约大量时间、成本，减少出现人为错误的概率。

四、保证建筑工程施工正常进行

建筑工程进行施工阶段时，有很多的计量需要支付，要统计签证的更改和索赔，有一系列的计算工作，而且这些计算工作还要跟上工程施工进度，否则很难实现预算管理。工程项目预算管理工作无法有序进行反过来又会阻碍建筑工程施工的正常进行，这样工程项目很容易出现漏洞。

在工程项目施工阶段使用 BIM 技术，对建筑工程预算管理将十分有利。BIM 技术可以将虚拟进度和实际进度进行对比，为工程的施工进度提供参考，保证预算管理工作与施工进度同步进行；能准确对施工工程量进行有效统计；有效进行施工设备和材料管理，进一步为工程质量与安全提供保障，实现竣工模型构建，提高工程实施进度。

基于 BIM 技术下的建筑工程预算管理，能有效提高工程预算管理水平，帮助工程项目更好地进行投资，保证投资决策的正确性，进行准确的招投标工作，管理与调控建筑工程成本；平衡预算管理与工程施工进度，保证建筑工程正常施工，为工程项目带来更大的效益，为建筑工程的发展提供动力，促进建筑工程的发展进步。

第七节　BIM 技术的建筑工程信息集成与管理

信息集成是指系统中不同子系统或用户的信息采用的标准、规范及编码都能保持一致，能够实现全系统的信息共享，进而实现相关用户软件间的交互和有序工作。在绿色建筑工程中由于其需要多个专业协同完成，因此，需要对各个专业项目的信息进行统一管理，以此来提高绿色建筑工程的质量。建筑信息模型为实现建筑工程信息集成提供了良好的技术支撑，因此，基于绿色理念在建筑工程项目中的应用，研究基于 BIM 的信息集成机理具有至关重要的现实意义。

一、BIM 对绿色建筑工程信息集成的影响体现

信息是 BIM 的核心，在绿色建筑工程体系中，BIM 对绿色建筑工程信息集成的影响体现主要表现为以下 4 个方面。

（一）实现关联自动修改

基于 BIM 技术的绿色建筑工程系统实现了对各个环节的数据关联。例如，BIM 软

件系统具有自动调节和修改的功能，这样不仅可以解决不同专业之间不统一的问题，而且可以大大提高绿色建筑工程的设计质量，可以有效避免在施工中出现的各种问题。

（二）减少了信息的重复输入

传统的建筑工程管理软件承载着不同专业的信息，在绿色建筑工程管理体系中需要按照不同的专业进行信息输入，但是BIM技术实现了对数据信息的统一录入，保证了信息的准确性、有效性及统一性，大大节省了因重复录入信息所耗损的资源。

（三）自动化程度提高

BIM技术的自动化在绿色建筑工程管理中具有独特的优势，实现了对所有环节的集中管理，有效避免了因为各环节连接问题而导致的工程质量问题。例如，在绿色工程还未进入施工阶段时，可以利用BIM模型对施工过程进行模拟，从而根据模拟的施工情况对容易出现或者存在潜在问题的施工方案进行调整，实现施工进度、施工成本以及施工质量等方面的融合，由此可见，施工过程的可视化模拟分析明显抬高了建筑施工过程的自动化程度。

（四）实现了数据互用

BIM技术的核心思想就是实现对建筑工程项目全生命周期的管理。因此，其设计的软件具有数据的互通互用特点。例如，目前BIM技术系统种类比较多，但是其具有数据的互用优势，所以基于BIM技术的信息集成可以实现对不同建筑数据的输入、输出等，便于对数据的统一管理。这样不仅可以大大降低数据的交换成本，而且能够解决信息传递不畅的问题。

二、基于BIM的绿色建筑工程项目信息集成流程

基于BIM的绿色建筑工程项目，信息集成的最大优势就是实现了对各个环节信息的集中化、流程化管理。具体的信息集成流程为：首先，对BIM的绿色建筑工程集成信息进行识别，主要是对文献研读、案例的识别。其次，对集成信息进行归纳，根据绿色建筑工程建设程序对BIM集成信息进行重组，可以分为决策信息、设计信息、施工信息以及运营维护信息，最后，则是对集成信息的确定。

结合基于BIM的绿色建筑工程信息集成流程可以看出，在BIM信息集成的过程中容易出现以下4个方面的问题。

（1）决策阶段信息集成要素容易出现的问题。决策阶段是绿色建筑工程的关键环节，其主要目的是确定绿色建筑工程实施的方案、目标以及规划等，该阶段的信息模型是整个建筑的初始信息、周围及内部环境信息以及预期工期信息等的融合。由于决策阶段容易因环境变化而导致决策出现调整等，因此，该阶段的信息集成容易出现的问题主要是决策信息模型的灵活性不够，不能及时根据具体的情况进行增加、删减等，导致信息利用率不足。

（2）设计阶段信息集成要素常见的问题。设计阶段是整个绿色建筑工程项目的基础，其主要任务就是将建设方的建设图纸变为可实施的方案。设计阶段主要包含两个步骤：初步设计和施工图设计。初步设计就是根据前阶段的可行性研究，结合对现场的实施调研资料等信息，对绿色工程的相关数据进行大致的规划，施工图设计则是根据前期的设计信息等对具体的项目进行严格的规定说明。例如，施工图必须要能够准确地表达出预期项目的构造、功能以及其他必要的信息等。此阶段信息集成容易出现的问题是各专业不能很好地进行协同工作，以至于设计信息模型不能及时得到更改和完善，设计说明文件不能做到全面详细地描述各个建造过程，致使信息大量流失，后期再利用率低。

（3）施工阶段信息集成要素常见的问题。施工阶段的主要任务就是将设计方案转化为具体的建筑物的过程，由于施工是整个建筑工程管理的重点，而且施工环节的影响因素比较多。因此，施工阶段信息因素比较多，例如土建、混凝土等。该阶段最常见的问题是一方面，在施工前期所产生的信息不能及时反馈到设计部门，导致在施工的过程中出现各专业施工协同不顺的问题，甚至会因为沟通问题而影响施工质量；另一方面，在项目施工的后期阶段，由于不能第一时间获得设计阶段的完整信息，导致在施工中常常因误解设计方案而造成施工错误。

（4）运营维护阶段的信息集成问题。该阶段的信息不能与其他阶段的信息实现集成，再利用价值低。

三、基于 BIM 的绿色建筑工程各阶段信息集成的机理

（一）BIM 在项目决策阶段的信息集成应用

BIM 在项目决策阶段的信息集成应用主要是对绿色建筑项目生态环境模拟、初步建模等，绿色建筑生态模型是 BIM 在该阶段的主要应用。首先，对收集的绿色建筑初始信息进行认真的分析勘察，根据现场的勘察结果对收集的信息进行整合与处理，然后经

过 BIM 信息集成的一系列流程，确保信息数据的有效性及完善性。其次，对 BIM 进行信息采集系列检测，确保信息数据的准确性。再次，对不同的数据信息按照不同的专业进行参数输入，以便第一时间优化系统。最后，根据相关数据得出符合绿色建筑设计标准的文件。

（二）BIM 在项目设计阶段信息集成的机理

首先，BIM 技术在数据库信息统筹管理中的应用：BIM 技术实现了对数据成果的集成管理，例如通过 BIM 可以将以往的设计成果等纳入中央数据库中，这样可以更加全面地自动提取相关设计方案。其次，BIM 技术在数据信息与分析平台交互中的应用：在遵循起初所定目标的前提条件下，通过一个逐步改进并优化的循环渐进过程，最终获得最佳的设计方案。

（三）BIM 在项目施工阶段信息集成的机理

项目施工阶段 BIM 施工信息模型主要是用来仿真施工方案、施调式项目施工进度等。由于施工环节比较长，在项目施工的过程中需要调节各个施工方，例如土建、装饰以及混凝土等。同时，在施工的过程中还会产生各种协议资料、物料购买信息以及施工变更记录等，因此，为了提高信息的传输速度，满足各方对施工信息的需求，需要引用 BIM 技术。其具体应用主要表现为以下两点。①模拟施工方案。根据设计阶段生成的 BIM 模型、施工图纸以及附加说明等创建施工方案模型，并将各种信息与模型结合，进行对应模拟并加以优化。将模拟优化后得到的具体指导模型、附加文件、音频等参数信息经过上文所述的 BIM 集成信息的相应流程后，得出确定的信息，分别将其录入 BIM 信息协同管理系统下 BIM 数据库的相应文件中，此过程即为 BIM 对绿色建筑工程施工阶段施工方案信息的集成。②施工进度管理。根据对现场实际进度的基本信息进行分类、归纳及处理等创建出 BIM 进度计划模型。将实际信息与 BIM 进度计划模型相结合，进行相关模拟并加以优化。

（四）BIM 在项目运营维护阶段信息集成的机理

将设备的自控系统、消防系统、安检系统等智能化系统与此模型相关联，对建筑空间及安全评估进行相关模拟分析并加以优化。此后，让模拟分析后导出的设施维护报告、安全评估报告、建筑空间报告等信息经过 BIM 集成信息流程，将得出的确定信息分别录入 BIM 信息协同管理系统下 BIM 数据库运营管理目录的相应文件中。

　　总之，基于绿色理念在建筑工程中的应用，BIM 技术与绿色建筑相结合可以根据真实的 BIM 数据和丰富的构件参数信息对绿色建筑各阶段进行分析模拟及评估，从而保证其数据的准确性和绿色建筑的可持续性，因此具有极为重要的意义。

参考文献

[1] 胡旭，王萍．论建设项目施工阶段的造价控制 [J].建筑与预算，2016，39（2）:8-10.

[2] 余玉金．施工现场签证存在问题及规范化管理之探讨 [J].建筑与预算，2016，39（8）:18-21.

[3] 孙宇，张健．建筑工程实施阶段工程造价的控制 [J].建筑与预算，2014，37（12）:24-26.

[4] 洪景斌．关于全过程控制的建筑工程造价跟踪审计分析 [J].福建建材，2015，34（11）:90-91.

[5] 黄治高．工程量清单计价模式下工程造价全过程审计研究 [D].济南：山东大学，2013.

[6] 刘冬学．建设项目工程造价跟踪审计运行模式研究 [J].建材与装饰，2015，11（49）:146-147.

[7] 钱曼莉．工程施工期全过程造价控制及跟踪审计分析 [J].江西建材，2016，36（6）:268

[8] 郑丽辉．建设工程竣工结算审核工作常见问题及对策 [J].价值工程，2010，29（3）:237.

[9] 杨霞．建筑工程全过程跟踪审计管理 [J].甘肃农业，2015（14）:18-19.

[10] 王添天，宫明利，高炎．试析全过程管理对建筑工程审计的影响 [J].管理观察，2014，4（13）:88-89.

[11] 贾虎．建筑工程项目全过程跟踪审计的实施与管理 [J].价值工程，2016，35（11）:54-57.

[12] 薛凡．浅析建筑工程项目全过程跟踪审计的实施与管理措施 [J].价值工程，2017，36（21）:1-2.

[13] 赵冬伟．建筑工程施工安全风险管理研究 [D].扬州：扬州大学，2016.

[14] 王悦．某建筑工程项目风险管理研究 [D].武汉：湖北工业大学，2016.

[15] 刘必胜 . 我国建筑工程项目风险管理模式分析探讨 [D]. 合肥：合肥工业大学，2006.

[16] 赵晓玲 . 我国建筑工程项目风险管理研究 [D]. 北京：北京化工大学，2003.

[17] 罗少锋，杨佳 . 强化土建项目施工的全过程跟踪审计 [J]. 科技与创新，2014（24）:82-83.

[18] 方强 . 建筑工程造价审计中的问题与对策 [J]. 商品与质量，2015(28):394.

[19] 袁崇义 .Petri 网原理与应用 [M]. 北京：电子工业出版社，2005.

[20] 孙家福 . 建筑施工中工程造价审计重要性研究 [J]. 工程技术，2016，8(11):72.

[21] 赵月梅 . 新形势下建筑工程造价审计中存在的问题及对策 [J]. 统计与管理，2016，31(9):77-78.

[22] 华晶晶，陈振 . 分析工程造价审计中存在的问题与改进措施 [J]. 工程技术，2016，8(4):138.

[23] 李海凌，史本山，刘克剑 . 基于 Petri 网的建设工程项目实施阶段工作流建模与仿真 [J]. 计算机应用，2011，31(10):2828-2831.

[24] 卢世国 . 论建筑工程中工程造价的重要性及审核方法 [J]. 建筑知识：学术刊，2013，33(12):223.

[25] 陈婧 . 建设项目工程造价全过程跟踪审计研究：以某 BOT 建设项目为例 [D]. 昆明：云南大学，2015.